essentials

essentials liefern aktuelles Wissen in konzentrierter Form. Die Essenz dessen, worauf es als „State-of-the-Art" in der gegenwärtigen Fachdiskussion oder in der Praxis ankommt. *essentials* informieren schnell, unkompliziert und verständlich

- als Einführung in ein aktuelles Thema aus Ihrem Fachgebiet
- als Einstieg in ein für Sie noch unbekanntes Themenfeld
- als Einblick, um zum Thema mitreden zu können

Die Bücher in elektronischer und gedruckter Form bringen das Expertenwissen von Springer-Fachautoren kompakt zur Darstellung. Sie sind besonders für die Nutzung als eBook auf Tablet-PCs, eBook-Readern und Smartphones geeignet. *essentials:* Wissensbausteine aus den Wirtschafts-, Sozial- und Geisteswissenschaften, aus Technik und Naturwissenschaften sowie aus Medizin, Psychologie und Gesundheitsberufen. Von renommierten Autoren aller Springer-Verlagsmarken.

Weitere Bände in der Reihe http://www.springer.com/series/13088

Dimitrij Tschodu

Wie man effektiv und nachhaltig Physik studiert

Tipps und Tricks für Studienanfänger

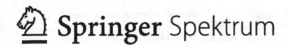 Springer Spektrum

Dimitrij Tschodu
Leipzig, Deutschland

ISSN 2197-6708   ISSN 2197-6716 (electronic)
essentials
ISBN 978-3-658-23009-8   ISBN 978-3-658-23010-4 (eBook)
https://doi.org/10.1007/978-3-658-23010-4

Die Deutsche Nationalbibliothek verzeichnet diese Publikation in der Deutschen Nationalbibliografie; detaillierte bibliografische Daten sind im Internet über http://dnb.d-nb.de abrufbar.

Springer Spektrum

Springer Spektrum ist ein Imprint der eingetragenen Gesellschaft Springer Fachmedien Wiesbaden GmbH und ist ein Teil von Springer Nature
Die Anschrift der Gesellschaft ist: Abraham-Lincoln-Str. 46, 65189 Wiesbaden, Germany

Was Sie in diesem *essential* finden können

- Ein detailliertes und sorgfältig ausgearbeitetes Versuchsprotokoll des größten Experiments im Physikstudium: des Studiums selbst
- Eine ehrliche Beschreibung, wie man Physik ohne nervöse Überlastung studiert
- Eine Meinung – vorsichtig zwischen den Zeilen platziert – dass der Fleiß so etwas wie Physik- oder Mathematikbegabung übertrumpft

Danksagung

Für die Gelegenheit, dieses *essential* zu schreiben, danke ich dem Verlag Springer-Spektrum.

Ich danke Margit Maly, die das Lektorat kundig und einfühlsam betreut hat.

Ich danke Ana-Maria Mihalca, die sich unglaublich für dieses *essential* ins Zeug gelegt hat.

Ohne meine Frau, Anastasia Wolschewski, wäre die Tonart dieses *essential* weder heiter noch hell, sondern trübe und düster.

Inhaltsverzeichnis

1   **Drei Stunden lesen statt fünf Jahre Stress** 1

2   **Wie du Fehler am Anfang vermeidest** 3
    2.1   Intelligent sein wollen 4
    2.2   Perfekt sein wollen. 4
    2.3   Zeit mit banalen Problemen verschwenden 5
    2.4   Mit Kommilitonen konkurrieren 5
    2.5   Sich von Anderen isolieren 6
    2.6   Mehr lesen als nötig. 6
    2.7   Zu zurückhaltend sein 6
    2.8   Keine Zeit für das Experimentieren lassen 7

3   **Wie du deine Zeit nicht verschwendest.** 9
    3.1   Zeitaufwand im Physikstudium 10
    3.2   Selbststudium. 10
    3.3   Fernsehen, Social Media und Zeitschriften 12
    3.4   Gruppenarbeit 12

4   **Wie du dir dein Studium leichter machst** 15
    4.1   Umgib dich mit Kommilitonen, die besser sind als du selbst 16
    4.2   Recherchiere wie ein Investigativ-Journalist 16
    4.3   Nutze die Schwarmintelligenz 17

5   **Wie du dich intensiv konzentrierst** 21
    5.1   Zeit. 22
    5.2   Ort 23
    5.3   Routine. 23
    5.4   Praktische Elemente der Routine 24

**6   Wie du die Mathematik-Vorlesungen schneller
      und besser verstehst** 27
6.1   Führe eine gute und detaillierte Mitschrift. 28
6.2   Arbeite die Vorlesung gründlich nach 30

7   Wie du Aufgaben knackst und besser wirst 33
7.1   Mentale Modelle 34
7.2   Die Aufgaben knacken. 36
7.3   Nachhaltig lernen statt kurzfristig bestehen. 38

8   Wie du richtig schummelst. 41
8.1   Selbst Benjamin Franklin hat das gemacht 42
8.2   Du kannst das auch tun 43
8.3   Die Kunst des richtigen Abschreibens. 45

**9   Wie du Zusammenhänge erkennst und
      sie nachhaltig im Kopf behältst** 47
9.1   Erstelle eine Landkarte der Physik. 48
9.2   Verbinde die Punkte auf der Landkarte 50
9.3   Verbinde das neue Wissen ständig mit deinem Vorwissen. 50

10   Wie du dich effektiv auf Prüfungen vorbereitest 53
10.1   Schriftliche Prüfungen: PEAK – Premortem,
       Elimination, Automation, Klausur. 54
       10.1.1   Premortem 54
       10.1.2   Elimination. 55
       10.1.3   Automation. 56
       10.1.4   Klausur. 57
10.2   Mündliche Prüfungen. 59
       10.2.1   Übungsaufgaben. 59
       10.2.2   Vorbereitung. 59
       10.2.3   Aufregung überwinden. 62
10.3   Nach der Prüfung 62

11   Nachhaltige Kompetenz statt kurzfristige Konkurrenz 65

12   Nützliche Ressourcen 67

Literatur. 73

Drei Stunden lesen statt fünf Jahre Stress

1

Eine Folge der Viele-Welten-Interpretation der Quantenmechanik könnte sein, dass in einem anderen Universum eine Kopie von dir gerade eine Kette von glücklichen Lebensentscheidungen verwirklicht hat und – den Nobelpreis für Physik erhält. In einem anderen Universum wiederum könnte das Physikstudium als babyleicht beschrieben werden.

Aber wir sind allem Anschein nach in einem Universum, in dem circa jeder dritte Physikstudent in Deutschland sein Studium abbricht [15]. Das muss nicht sein.

Dieses dünne Buch beinhaltet alle Sorten von Erfahrungen und Methoden, mühe- und leidvoll im Laufe meines Physikstudiums gesammelt, sorgfältig ausgewählt und fein geschliffen. Seine Bandbreite erstreckt sich von den üblichen Fehlern bis zur Herangehensweise an die Aufgaben, von den Tipps zur Gruppenarbeit bis zur detaillierten Beschreibung der Prüfungsvorbereitung: All das, damit du dein Studium erfolgreich beendest.

Das Physikstudium muss nämlich nicht unglaublich schwer sein. Wirklich nicht. Man muss nur die richtigen Fragen stellen und sie in Taten umsetzen: Welche Fehler sollte ich von Anfang an vermeiden? Womit verschwende ich meine Zeit? Wie gehe ich an die Aufgaben heran? Wie lerne ich am effektivsten für die Klausur? Und zuletzt: Wie lerne ich nicht nur effektiv, sondern auch nachhaltig?

Im Verlaufe des Buches wird ausschließlich die männliche Form benutzt. Aber Frauen, Transgender, Transsexuelle, Intersexuelle, ... – kurz: alle möglichen Geschlechteridentitäten sind gemeint. Denke bitte daran beim Lesen dieses Buches.

© Springer Fachmedien Wiesbaden GmbH, ein Teil von Springer Nature 2018
D. Tschodu, *Wie man effektiv und nachhaltig Physik studiert*,
essentials, https://doi.org/10.1007/978-3-658-23010-4_1

Solche Fragen habe ich mir viel zu spät gestellt. Ich musste deshalb aus meinen eigenen Fehlern lernen und hart arbeiten. Ein chinesisches Sprichwort besagt , dass *ein weiser Mann aus seinen eigenen Fehlern lernt, doch ein noch weiserer Mann lernt auch von anderen.* Ich möchte, dass du weiser bist als ich und aus meinen Fehlern lernst.

Wie du Fehler am Anfang vermeidest 2

Viele glauben, dass es im Physikstudium allein auf die Intelligenz ankommt. Aber ich glaube, dass es sich beim Physikstudium wie beim Sport verhält: Man kann nämlich unglaublich schnell, stark oder was auch immer sein. Letztendlich kommt es jedoch auf die Technik an. In diesem Kapitel korrigieren wir die Fehler in der Technik des Studierens.

© Springer Fachmedien Wiesbaden GmbH, ein Teil von Springer Nature 2018   3
D. Tschodu, *Wie man effektiv und nachhaltig Physik studiert*,
essentials, https://doi.org/10.1007/978-3-658-23010-4_2

2.1   Intelligent sein wollen

Am Studienanfang habe ich meine Übungsleiter und Professoren bewundert: „Wow! Sie sind so intelligent!" Also habe ich auch versucht, intelligent zu sein: Jede einzelne Kleinigkeit in der Vorlesung musste verstanden und recherchiert werden. Das klappte – eine Woche lang. Doch der Vorlesungsstoff wurde anspruchsvoller und die Geschwindigkeit, mit der man den Stoff behandelte, wurde immer größer. Also entwickelte sich bei mir etwas, was Psychologen als ein typisches Beispiel der kognitiven Dissonanz betrachten: Man realisiert, dass eine begonnene Sache mühsamer wird als erwartet.

Aber ich war nicht der Einzige im Club des geistigen Unbehagens: Wirklich intelligente Studenten – und keine Möchtegerne wie ich – hatten es auch schwer. In der Schule haben sie sich nämlich daran gewöhnt, mit relativ wenig Aufwand gute Noten zu bekommen. Nun, damit war jetzt Schluss. Viele von ihnen sind damit nicht klargekommen und haben ihr Studium abgebrochen. Dabei hatte das eigentlich nichts mit ihrer Intelligenz zu tun, sondern allein mit ihrem Bestreben, intelligent sein zu wollen.

Wenn du ein intelligenter Mensch bist und versuchst, ständig den hohen Erwartungen an deine Klugheit zu entsprechen, dann höre damit auf. Konzentriere dich stattdessen darauf, einfach nicht dumm zu sein. Das wird dein Studienleben einfacher und entspannter machen.

2.2   Perfekt sein wollen

Im Physikstudium gibt es keinen Platz für Perfektionisten. Sie können den Platz natürlich bekommen, aber sie werden sehr lange warten müssen. Der Perfektionismus ist an sich eine gute Sache: Man versucht, keine Fehler zu machen, Deadlines einzuhalten, einfach verlässlich und besser zu sein. Aber vor allem das erste Zeichen des Perfektionismus kann schnell zum Verhängnis werden: Keine Fehler begehen zu wollen.

Ich weiß nicht, woher diese Idee stammt, dass Fehler etwas ganz Schlimmes bedeuten. Vielleicht kommt sie aus unserer Schulzeit: In der Schule wurden Fehler bestraft, indem schlechte Noten vergeben wurden. Aber diese Zeit ist vorbei. Jetzt kommt es auf das Lernen an. Und man lernt nun mal am schnellsten, wenn man Fehler begeht und sich dessen bewusst wird. Daran ist nichts falsch oder peinlich.

Keine Fehler zu begehen ist sogar gefährlich. Warum das? Man geht brav in jede Vorlesung und versucht, jeden Beweis zu verstehen. Dann verbringt man den ganzen Tag damit, eine Übungsaufgabe richtig zu lösen und sie schön aufzuschreiben. Mitten im Semester wird man dann gewahr, dass es so nicht weiter gehen kann: „Ich bin zu langsam." Dann meldet man ein paar Module ab, macht sich große Sorgen deswegen, übt enormen psychologischen Druck auf sich selbst aus und – denkt daran, abzubrechen.

Bevor es so weit ist: **Traue dich, Fehler zu machen – lerne aber schnell aus ihnen.** So wird dir dein Physikstudium viel Spaß bereiten und dir den unnötigen Stress nehmen.

2.3 Zeit mit banalen Problemen verschwenden

Man kann im Physikstudium viel Zeit mit banalen Problemen vergeuden: Ein Programm muss für das Praktikum installiert werden. Griechische Buchstaben lassen sich nicht im Plot anzeigen. Ein Modul lässt sich nicht online anmelden. Oder das Beste: Man wertet den halben Tag die Praktikumsergebnisse aus und sichert die Auswertung nicht: Der Notebook stürzt plötzlich ab und man will weinen.

Verschwende also von Anfang an deine Zeit nicht mit banalen Problemen. Finde einen Menschen, der dir helfen kann. Der dir zum Beispiel zeigen kann, wie man das verdammte Programm installiert. Sogar der Terminator ließ sich helfen:

I am not a self-made man. Every time I give a speech at a business conference, or speak to college students, or do a Reddit AMA, someone says it. „Governor/Governator/Arnold/ Arnie/Schwarzie/Schnitzel (depending on where I am), as a self-made man, what's your blueprint for success?"They're always shocked when I thank them for the compliment but say, „I am not a self-made man. I got a lot of help."? [12]

Das ist so einfach. Trotzdem wird es dir viel Zeit und Ärger ersparen.

2.4 Mit Kommilitonen konkurrieren

Wer blinden Ehrgeiz mit abgedroschenen Redewendungen wie „Nettsein macht sich nicht bezahlt" rechtfertigt, der sollte auf keinen Fall Physik studieren. Ich habe bis jetzt nur zwei solche Physikstudenten getroffen und kann dir versichern: Niemand will mit ihnen arbeiten. Mit ihrem Konkurrenzgedanken schaden sie nur sich selbst. Und das ist das Schöne am Physikstudium: Man hilft einander. **Statt also seine Ellenbogen breit zu machen, sollte man sich fragen, wie man anderen helfen kann.** Die Hilfe muss sich nicht in der üblichen Gruppenarbeit äußern: Vielleicht kannst du meisterhaft recherchieren oder hast ein besonderes Gespür für die Klausurthemen. Teile das mit deinen Kommilitonen. Denke langfristig.

2.5   Sich von Anderen isolieren

Dieser Tipp ist für Einzelgänger und solche, die sich für Außenseiter halten: Kapsele dich nicht von deinen Kommilitonen ab. Ehrlich gesagt, gibt es besonders im ersten Semester viele Leute, die einem auf die Nerven gehen. Das sollte jedoch auf keinen Fall der Grund sein, sich zu isolieren und das ganze Studium alleine durchzuackern. Durch Kommunikation mit deinen Kommilitonen bekommst du außerdem wichtige Dinge wie Altklausuren oder prüfungsrelevante Themen mit. **Rede mit anderen** und du wirst sehen, wie viel angenehmer das Physikstudium sein kann.

2.6   Mehr lesen als nötig

Für bestimmte Studenten, mich eingeschlossen, stellt das ein echtes Problem dar: Es gibt so viele Bücher, die man lesen könnte! Als allererstes gibt es die empfohlene Literatur, dann all die Bücher, die man für das Vor- und Nacharbeiten der Vorlesung benutzt. Außerdem liegen die Lehrbücher, aus denen man die Lösungen abschreibt, stets bereit. Und weil die Rechnungen dort Schritt-für-Schritt erklärt sind, möchte man auch diese Bücher lesen (siehe Kapitel „Nützliche Ressourcen").

Die Neugier ist lobenswert, aber der Drang ist kontraproduktiv. Und auch wenn du gar kein Buch in die Hand nehmen willst, solltest du die relevanten Kapitel lesen und sie eventuell zusammenfassen. **Du musst die Bücher auch nicht von der ersten bis zur letzten Seite lesen.** – Gewöhne dir diesen Tick ab, wenn dir deine Zeit wichtig ist.

2.7   Zu zurückhaltend sein

Bescheiden ist nicht gleich zurückhaltend. Man kann zum Beispiel bescheiden aber trotzdem nicht zurückhaltend sein. Warum ist das ein Fehler im Physikstudium? Weil Übungsleiter und Professoren Menschen und keine Maschinen sind, die keine Fehler machen: Ob in der Korrektur deiner Klausur oder in den Übungsaufgaben.

Lerne also, schwierig zu sein: **Stelle Fragen während und/oder nach der Vorlesung.** Gehe in die Klausureinsicht und nerve die Dozenten dort mit deinen Fragen. Bleibe hartnäckig aber respektvoll: So hinterlässt du einen positiven Eindruck für eventuelle Projekte.

2.8   Keine Zeit für das Experimentieren lassen

Google-Mitarbeiter können sich jeden fünften Tag um ihre eigenen Projekte kümmern: In dieser sogenannten „20-Prozent-Zeit" entstanden die Ideen von Gmail, Google Maps und Adsense. Im Physikstudium ist es allerdings schwierig, sich jeden Freitag frei zu nehmen, um an seinem eigenen Projekt zu arbeiten. Aber wir können uns von Google inspirieren lassen und diese Zeit anderswo finden: In der semesterfreien Zeit zum Beispiel. So habe ich in jeder Semesterpause Dinge ausprobiert, die mich für das nächste Semester motiviert haben: Ich habe mir klassische Physikprobleme wie das der Brachistochrone und die Feynman-Tricks angeschaut. Oder ich habe mir die Programmiersprache Python beigebracht, um interessante physikalische Vorgänge zu programmieren. Das alles hat mir unglaublichen Spaß gemacht und mich mit Energie für das nächste Semester aufgeladen. **Lasse dich also nicht von den Normen und Pflichten des Studiums unterdrücken: Experimentiere.**

Die meisten Physikstudenten studieren einfach los: Sie machen sich keine Gedanken, wie sie am besten lernen und welche Fehler sie vermeiden können. Circa ein Drittel der Anfänger bricht das Physikstudium ab und der Rest müht sich [15]. Begehe nicht die gleichen Fehler: Arbeite an deiner Technik.

LoL: Liste offener Leistungen

- Konzentriere dich darauf, nicht dumm zu sein.
- Traue dich, Fehler zu machen und lerne schnell aus ihnen.
- Verschwende keine Zeit mit banalen Problemen.
- Hilf deinen Kommilitonen statt mit ihnen zu konkurrieren.
- Isoliere dich nicht.
- Lies nicht mehr als nötig.
- Lerne, schwierig zu sein.
- Lasse Zeit für das Experimentieren im Studium.

Wie du deine Zeit nicht verschwendest

Im Physikstudium lernt man viele spannende Dinge: Angefangen mit simplen linearen Gleichungssystemen bis zu den cool klingenden Vernichtungsoperatoren. Aber mich hat immer gewundert, dass niemand die gelernten Ideen auf sein Leben anwendet. Wie das? Ganz einfach. Man lernt zum Beispiel, ein Problem zu analysieren, in die elementaren Einheiten zu zerlegen und Zusammenhänge zu finden. Im ersten Studienjahr haben beinahe alle Physikstudenten dasselbe große Problem: Das des Zeitmangels.

© Springer Fachmedien Wiesbaden GmbH, ein Teil von Springer Nature 2018
D. Tschodu, *Wie man effektiv und nachhaltig Physik studiert*,
essentials, https://doi.org/10.1007/978-3-658-23010-4_3

Aber anstatt dem heutigen Wahnsinn der Zeitoptimierung, wo man möglichst schnell und möglichst viel schaffen will, zu folgen, solltest du ihn umkehren: **Stelle sicher, dass du deine Zeit nicht verschwendest, anstatt sie zu optimieren.** In diesem Kapitel erfährst du also, was die häufigsten Zeitfresser im Physikstudium sind und wie du sie vermeidest. Aber davor sollten wir uns die Frage stellen, wie viel Zeit das Physikstudium in Anspruch nimmt.

3.1   Zeitaufwand im Physikstudium

Wie groß ist also der Zeitaufwand? Sind das kaum zu glaubende 70 h pro Woche, sodass man die drei großen F – Familie, Freunde und Freizeit – vergessen kann?

Der Zeitaufwand für die offiziellen Veranstaltungen wie die Vorlesung, die Übung oder das Praktikum hängt natürlich von den einzelnen Modulen ab. Aber in der Physik nähert man alles an, was man kann: In den ersten Semestern gibt es gewöhnlich drei bis vier Module, wobei jedes einzelne Modul aus zwei Vorlesungen und einem Seminar besteht. Für ein Modul ergeben sich 3 mal 1,5 gleich 4,5 h. Wenn wir mit vier Modulen rechnen, erhalten wir circa 20 h pro Woche.

Und nun kommt das Selbststudium ins Spiel: Wenn man schnell ist und nur zehn Stunden für das Nacharbeiten und Lösen von Übungsaufgaben braucht, dann „Bravo!" – du hast es geschafft und kannst auf den Nobelpreis hoffen. Die meisten von uns – sofern wir wirklich nachhaltig lernen und nicht nur abschreiben möchten – werden jedoch mit ihren 30 h die schwere Last der Gauß-Glocke ertragen müssen. **Insgesamt sind es also 50-Stunden Arbeitswochen, die einen im Physikstudium erwarten.**

3.2   Selbststudium

Der größte Fehler, den man im Studium machen kann, ist, sich darauf zu verlassen. Das meiste sollte man deswegen selbstständig lernen. Deswegen kann man auch den größten Teil seiner Zeit nur im Selbststudium verschwenden. Bevor das passiert und du dich fragst, warum du so langsam beim Lernen bist, solltest du dir die folgende Sache zur Gewohnheit machen: Die Zeit in Blöcke einteilen.

Das mag vielleicht nicht so spannend klingen, aber es ist extrem effektiv. Nehmen wir ein Beispiel: Viele Menschen verteilen ihre Einkäufe über die ganze Woche und gehen dementsprechend drei- bis sechsmal einkaufen. Wenn der Weg zum Einkaufszentrum zehn Minuten beträgt, ergibt sich mindestens eine Stunde für den Hin- und Rückweg pro Woche. Auch wenn wir die Dauer der Einkäufe

vernachlässigen, ist das dreimal so viel, als wenn man nur einmal pro Woche einkaufen würde.

Das Beispiel überzeugt dich nicht? Okay, der eigentliche Grund verbirgt sich in
einer Besonderheit des Physikstudiums: Man lernt hier, Probleme zu lösen, indem
man sich zuerst gründlich mit der Theorie vertraut macht und dann in die Aufgaben
vertieft. Und dieses Eintauchen in Theorie und Aufgaben erfordert keine Zeiteinhei-
ten in Minuten, sondern in ganzen Stunden und halben Tagen. Wird man in dieser
Zeitspanne auch für nur ein paar Minuten unterbrochen, so entgleitet einem der
Ariadnefaden – man verliert sich im mathematischen Labyrinth der Aufgabe und
muss von vorne anfangen. Die Zeit ist verloren gegangen.

Aber kommen wir zur Sache: Wie teilt man die Tageszeit in Blöcke ein? Wie
geht man dabei vor und woran orientiert man sich? **Zuallererst suchst du in deinem Stundenplan nach großen offenen Zeitfenstern, in denen du ohne jegliche
Ablenkungen arbeiten kannst:** Wenn deine erste Vorlesung beispielsweise erst
um elf Uhr anfängt, dann könntest du zwischen acht und elf Uhr intensiv lernen.

Zweitens solltest du deine Aufgaben der Thematik nach stapeln. So wäre
es zum Beispiel effektiver, das Nacharbeiten der Mathematik-Vorlesung und das
Lösen der Mathematik-Aufgaben in einem Zeitblock zu erledigen, denn hier ist der
zeitliche und intellektuelle Gewinn größer als die Summe seiner einzelnen Teile –
man spricht von Emergenz.

Drittens, die Zeitblöcke müssen priorisiert über den Tag verteilt werden. Was
bedeutet das genau? Hier ist deine Selbstwahrnehmung gefragt: Wann bist du höchst
konzentriert und wann total schlapp? Du könntest zum Beispiel zahlreiche Fachbücher lesen und Experten befragen, wann die optimale Zeit für kognitive Leistungen
ist und so weiter. Aber das kostet Zeit. Warum deshalb nicht wie ein Physiker vorgehen: Nimm ein Laborbuch, also einen stinknormalen Block, und schreibe für die
nächsten zwei Wochen auf, zu welchen Uhrzeiten du am konzentriertesten arbeiten
kannst, voller Energie oder gut gelaunt bist etc. Das wissend, kannst du nun die Zeitblöcke entsprechend deiner Analyse einteilen: Wenn du morgens voll Power bist und
mit der Mathematik die größten Schwierigkeiten hast, dann ist der Morgen genau die
richtige Zeitspanne dafür. Am späten Nachmittag – in der Schwebe zwischen intel-
lektueller Müdigkeit und nervöser Lustlosigkeit – könntest du dich zum Beispiel mit
leichten Experimentalphysik-Aufgaben beschäftigen. (Bei allem Respekt gegenüber
der Experimentalphysik: Meines Erachtens gleicht eine leichte Aufgabe in der theoretischen Physik einer schwierigen Aufgabe in der Experimentalphysik.)

Letztens, unterschätze nie die Macht des Pessimismus'. In anderen Worten solltest
du nicht zu viele Punkte auf deiner Checkliste für den Tag haben: Nicht dumm ist besser als intelligent und weniger ist mehr. **Konzentriere dich   auf   wenige**

Aufgaben wie *Mathe nacharbeiten* **und** *Mathe-Aufgaben lösen,* **anstatt viele Dinge aufzuschreiben, die du nicht zu erledigen schaffst und dich deswegen ärgern wirst.** Orientiere dich an meinem Lieblingsgesetz, dem Hofstadters Gesetz: Es dauert immer länger als man denkt, auch wenn man Hofstadters Gesetz berücksichtigt [17].

3.3   Fernsehen, Social Media und Zeitschriften

Social Media wie Facebook oder Twitter können sehr hilfreich sein. Denn man kann dort Arbeitsgruppen bilden, um Gedanken, Aufgabenlösungen und andere nützliche Ressourcen auszutauschen. Außerdem kann man motivierenden und hilfreichen Seiten oder Menschen folgen. Allerdings sollte man sie während der Lernzeit mit Vorsicht genießen. Denn die größte Gefahr im Studium ist die in Mode gekommene Prokrastination, das Aufschieben also. Es ist allerdings der Job von Facebook und Co., dass du ihre Webseiten besuchst und somit prokrastinierst.

3.4   Gruppenarbeit

Gruppenarbeit kann dir die unvergesslichsten und witzigsten Momente des Physikstudiums liefern: Man erinnert sich gerne und mit gewissem Stolz an lange Nachmittage voller Leiden und Kopfzerbrechen. Aber diese Erinnerung ist nur dann angenehm, wenn du dein Studium erfolgreich beendet hast. Die Gruppenarbeit kann jedoch eine Ursache sein, warum man das Physikstudium abbricht.

Lass dich auch nicht von Studenten und Professoren mit der Behauptung einschüchtern, dass du die wöchentlichen Übungsaufgaben unbedingt in der Gruppe lösen solltest. Diese Behauptung stimmt nicht immer. Man weiß einfach von vorne herein nicht, wie nützlich die Gruppenarbeit sein wird. Deswegen solltest du sie für ein paar Wochen testen und dabei auf die folgenden drei Wenn-Aussagen achten:

• **Wenn du wegen arroganten Kommilitonen das Gefühl hast, dumm zu sein.** Es ist vollkommen in Ordnung, das Gefühl in der Vorlesung oder im Seminar zu haben. Der Zweck der Gruppenarbeit ist aber nicht nur das Lösen der Aufgaben: Es ist vielmehr das Gefühl, dass man nicht der einzige ist, der ahnungslos und blind von der Tafel abschreibt. Wenn du jedoch genau das Gegenteil von diesem Gefühl verspürst, dann solltest du dich fragen, woher das kommt: Ist es die mögliche Arroganz der Kommilitonen oder nur deine Unsicherheit? Wenn es der Überheblichkeit entspringt, dann solltest du diese Gruppe schnellstmöglich verlassen: Im Physikstudium wird es genügend Momente geben, sich dumm zu fühlen.

- **Wenn die Aufgaben von ein paar schlauen Studenten gelöst werden, die sich nicht die Mühe machen, dir das zu erklären.** Das passiert häufig: Ein oder zwei wirklich helle Köpfchen erleuchten die ganze Gruppe. Blöd ist nur, dass – wie in jeder Sekte – den Worten der Erleuchteten blind gefolgt wird. Am Semesterende fällt man durch die Klausur und wundert sich warum, denn man hat letztendlich hart und lange gemeinsam die Aufgaben gelöst. Aber das hat man nicht. Achte also darauf, dass du in der Gruppe die Übungsaufgaben wirklich berechnest, verstehst und nicht bloß abschreibst.

- **Wenn die Gruppenarbeit schlecht organisiert ist.** Gute Organisation bedeutet, dass alle Teilnehmer verlässlich sein müssen: Niemand kommt zu spät, schreibt bloß ab oder tut sich wichtig. Wenn etwas davon nicht zutrifft, dann ist die Gruppenarbeit schlecht organisiert.

    Du kannst natürlich versuchen, die Gruppenarbeit selbst zu organisieren, um die genannten Fehler zu vermeiden. Im Idealfall sollte dann die Arbeitsdauer vorab festgelegt werden, um die Abschweifungen während der Gruppenarbeit zu vermeiden: Studenten tendieren nämlich leicht dazu, die physikalischen Probleme aus den Augen zu verlieren, um ein Schwätzchen zu halten. Wenn allerdings zu viel geplappert wird, könntest du in das Schwätzchen eingreifen und beispielsweise das Folgende sagen: „Es tut mir leid, dich zu unterbrechen, aber können wir uns vielleicht jetzt wieder auf die Aufgabe konzentrieren. Ich muss nämlich bald los und es wäre schön, wenn wir das heute noch schaffen." Eine psychologische Studie hat nämlich gezeigt, dass Menschen etwas eher tun oder lassen, wenn man ihnen einen Grund nennt – der Grund selbst ist vollkommen irrelevant [22].

Ob Zeitoptimierung oder Vermeidung der Zeitverschwendung – letztendlich geht es darum, mehr Zeit mit dem zu verbringen, was wir lieben: Die Physik.

LoL: Liste offener Leistungen
- Finde große offene Zeitfenster.
    - Verteile sie priorisiert über den Tag.
    - Stapele deine Aufgaben der Thematik nach.
    - Konzentriere dich auf wenige Aufgaben.
- Gehe vorsichtig mit Social Media um: Gefahr der Prokrastination.
- Finde heraus, ob die Gruppenarbeit das Richtige für dich ist: Teste sie.

Wie du dir dein Studium leichter machst

4

Es gibt Dinge, die man kennt, und Dinge, die man nicht kennt. Wissen bedeutet Kenntnisse von etwas haben. Da wir am Studienanfang nahezu nichts kennen, so wissen wir auch nichts: Wir wissen nicht, wie man Aufgaben löst, welche Bücher man lesen sollte, wie man sich auf das physikalische Praktikum vorbereitet, welche Informationen wichtig sind – es gibt viel mehr Dinge, die wir nicht wissen. Man beginnt deshalb, im Dschungel dieses Nichtwissens den richtigen Weg zu suchen.

© Springer Fachmedien Wiesbaden GmbH, ein Teil von Springer Nature 2018
D. Tschodu, *Wie man effektiv und nachhaltig Physik studiert*,
essentials, https://doi.org/10.1007/978-3-658-23010-4_4

Da gibt es nun die Möglichkeit, einfach das zu wiederholen, was die meisten Anderen tun: Die gleichen Bücher lesen, die gleiche Arbeitsgruppe besuchen, die gleichen Lösungen abgeben und – die gleichen Fehler begehen.

Dann gibt es die Möglichkeit: Sich isolieren und alleine lernen, um das zu bekommen, was man glaubt zu verdienen: Glänzende Noten. Die Gefahr: Man hilft weder seinen Kommilitonen noch sich selbst, denn durch die Isolation entgehen einem nützliche Informationen.

Die dritte Möglichkeit: Von und mit Anderen zu lernen. Aber auch selbstständig und effektiv zu studieren, indem man lernt, nützliche von nutzlosen Informationen zu unterscheiden, schnell und gezielt zu recherchieren und die Macht der Schwarmintelligenz zu nutzen. Genau darum geht es in diesem Kapitel.

4.1 Umgib dich mit Kommilitonen, die besser sind als du selbst

Die Investorenlegende Warren Buffet lässt die Wall-Street verstummen, wenn er etwas zu verkünden hat. Eine seiner Weisheiten ist aber auch für Physikstudenten hilfreich: „It's better to hang out with people better than you. Pick out associates whose behavior is better than yours and you'll drift in that direction" [2].

Für uns heißt das: Umgib dich mit den besten Studenten aus deinem Kurs. Wenn sie die Besten sind, dann tun oder wissen sie etwas, was dir entgeht. Vielleicht lesen sie spezielle Bücher? Oder sie schauen bestimmte Online-Vorlesungen? Möglicherweise besuchen sie ein Tutorium, von dem du nie gehört hast? Frage sie und finde heraus, was sie so gut macht. Wenn das nicht klappt, dann arbeite mit ihnen zusammen – sofern sie dir nicht das Gefühl geben, dumm zu sein – und versuche zu verstehen, wie sie an Physikprobleme herangehen.

4.2 Recherchiere wie ein Investigativ-Journalist

Kommilitonen, die besser sind als du, sind auch deine Übungsleiter – sie leben bloß in einem Bezugssystem, das in der Studienzeit um ein paar Jahre verschoben wurde. Deshalb eignen sie sich als deine wertvollsten Informanten. Stelle ihnen dieselben Fragen wie den besten Studenten aus deinem Jahrgang. Professoren solltest du allerdings diese Fragen nicht stellen. Warum? Weil ihre Studienzeit weit in der Vergangenheit liegt – sie haben womöglich vergessen, womit sie als Studenten kämpften. Gute Antworten auf diese Fragen erfordern jedoch Einfühlungsvermögen in die Leiden des jungen Physikstudenten.

Außer den besten Studenten und Übungsleitern gibt es eine andere heiße Quelle: den Fachschaftsrat. Der Fachschaftsrat ist heiß, weil er Altklausuren archiviert und über nützliche Insider-Informationen verfügt.

Im seltenen Falle, dass es in deinem Jahrgang keine guten Studenten gibt und sowohl deine Übungsleiter als auch der Fachschaftsrat wie ein Grab schweigen, als ob sie im Nebenraum von gemeinen Professoren verhört werden, dann solltest du etwas tun, was wir immer tun, wenn wir nicht nachdenken wollen: googeln. Aber google geschickt und benutze dabei die sogenannten Google-Suchoperatoren. So kannst du zum Beispiel die englischen Anführungszeichen dazu benutzen, um Ergebnisse zu finden, die der exakten Phrase im Sucheintrag entsprechen. Warum ist das nützlich? Professoren sind Menschen und Menschen sind Energiespar-Tiere: Dieselben Physikaufgaben zirkulieren in den Universitäten und im Internet – jemand hat sie sich überlegt und andere haben sie abgeschrieben. Wenn du also nach der exakten Wortwahl in einer deiner Übungsaufgaben suchst, dann findest du ähnliche Internetseiten anderer Professoren. Dort spürst du eventuell Aufgabenlösungen und relevante Materialien für die Klausur auf.

Es gibt natürlich viele andere nützliche Suchoperatoren: Google sie einfach!

4.3   Nutze die Schwarmintelligenz

Schwarmintelligenz bedeutet hier, dass du mithilfe anderer Menschen das beste Material findest. Das kann beispielsweise ein Buch, eine Online-Vorlesung oder ein Vorlesungsskript sein.

Angenommen, ich bin im ersten Semester und möchte ein exzellentes Buch zum Thema Fourier-Transformation, das ich für die Praktikumsvorbereitung brauche, finden. Ich habe bereits die Versuchsbeschreibung gelesen und nicht viel verstanden. Hier folgt das Vorgehen:

Google ist mein bester Kommilitone: Ich tippe „Bestes Buch Fourier-Trans-formation" in die Suchmaschine ein und schreibe mir die ersten fünf Treffer auf:

1. *Fouriertransformation für Ingenieur- und Naturwissenschaften* von Bruno Klingen
2. *FFT-Anwendungen* von Elbert Oran Brigham
3. *Fourier-Analysis und Distributionen* von Rolf Brigola
4. *Laplace- und Fourier-Transformation* von Otto Föllinger
5. *Laplace-, Fourier- und z-Transformation* von Hubert Weber und Helmut Ulrich

Der nächste Schritt ist, eine Empfehlung in den Internet-Foren zu suchen: Wir googeln nach „Bestes Buch Fourier-Transformation Forum". Klick-Scroll bekommen wir das Folgende ans Herz gelegt:

6. *Fouriertransformation für Fußgänger* von Tilman Butz wird in zwei Foren erwähnt. Eine davon mit dem Kommentar, dass es nicht für Anfänger geeignet sei.
7. *FFT-Anwendungen* von Elbert Oran Brigham wird in einem Forum erwähnt und kommentiert: Es gibt eine ausführliche Erklärung des Algorithmus' und einen Pseudoalgorithmus – sehr gut, falls man für das Praktikum programmieren muss!
8. Jemand schreibt, dass ein Buch „ein totaler Overkill" sei – also unnötig für das Thema. Andere Forum-Mitglieder empfehlen ebenso nur kurze Ressourcen wie den Wikipedia-Artikel über die Fourier-Transformation. Was zu beachten ist.

Zuallerletzt suche ich im Social-News-Aggregator *reddit.com*. Die Antworten werden hier von Mitgliedern bewertet, sodass die beste Antwort kollektiv bestimmt wird.

9. Die beste Antwort besagt, dass man nicht nach einem speziellen Buch suchen sollte, sondern vielmehr in den entsprechenden Kapiteln der Standard-Lehrbücher der Physik. Die zweitbestbewertete Antwort sagt das Gleiche aus und empfiehlt *Mathematical Methods in the Physical Sciences* von Mary L. Boas.

Was tue ich nun? Ich vermerke mir die Bücher in 1, 2 = 7, 6 und 8, gehe in die Bibliothek und schaue sie mir an. Ich habe die Texte überflogen und bin zu dem Entschluss gekommen, dass ich *Fouriertransformation für Fußgänger* sehr praktisch finde und es irgendwann mal lesen sollte. Für das Praktikum eignet sich und reicht tatsächlich das entsprechende Kapitel in *Mathematical Methods in the Physical Sciences*.

Zehn Minuten guter Recherche und ein Besuch der Bibliothek haben mir circa einen Tag harter Vorbereitung und gelegentliches Beschimpfen der Person erspart, die meine Praktikumsanleitung geschrieben hat.

Am Anfang des Kapitels habe ich gesagt, dass es am Studienanfang vielmehr Dinge gibt, die man nicht weiß – also auch nicht versteht. Deswegen glaubt und hofft man während des ganzen Studiums, den Moment der plötzlichen Offenbarung zu erleben, nach dem plötzlich alles Sinn ergibt und alle Zusammenhänge wie die Sterne in einer kalten Winternacht klar zu sehen sind. Dieser Moment kann kommen. Oder auch nicht. Aber man sollte auf ihn hin arbeiten – mehr davon findest du im Kap. 9.

LoL: Liste offener Leistungen
- Finde das beste Material für dich selbst.
- Umgib dich mit schlaueren Kommilitonen.
- Lerne, effektiv zu recherchieren.
- Nutze die Schwarmintelligenz bei der Recherche.

Wie du dich intensiv konzentrierst

Ein Student kommt um 9:00 Uhr in die Bibliothek. Er packt seine Sachen aus. Ehe er seinen Arbeitsplatz vorbereitet hat, schaut er auf sein Handy und tippt eine Nachricht ein. Er legt sein Handy zur Seite und fängt mit der Arbeit an. Sein Smartphone vibriert. Er muss antworten. Es ist 9:30 Uhr. Aber er hat vergessen, seine E-Mails zu checken. Jetzt schreibt er eine E-Mail. Es ist 10:00 Uhr. Zurück an die Arbeit. Um 10:31 Uhr knurrt sein Magen. Er verlässt den Arbeitsplatz. Eine Stunde vergeht und er kehrt zurück. Volle Aufmerksamkeit. Die Bibliothek füllt sich langsam und eine hübsche Studentin setzt sich direkt ihm gegenüber. Er schaut sie periodisch an.

© Springer Fachmedien Wiesbaden GmbH, ein Teil von Springer Nature 2018   21
D. Tschodu, *Wie man effektiv und nachhaltig Physik studiert*,
essentials, https://doi.org/10.1007/978-3-658-23010-4_5

Es ist 12:30 Uhr. Um 13:15 Uhr hat er eine Vorlesung. Es ergibt keinen Sinn mehr, weiter zu arbeiten: Er surft im Internet. Um 13:00 Uhr verlässt er die Bibliothek. Formell war der Student vier Stunden beschäftigt. Tatsächlich hat er aber nur 31 min gelernt. Moral der Geschichte: Ich sollte aufhören, mich von solchen Studenten ablenken zu lassen, denn ich selbst habe nicht mal 31 min konzentriert gearbeitet, während ich ihn beobachtet habe.

Dieses Kapitel handelt deswegen von einer geheimen Superkraft: sich intensiv konzentrieren zu können. Warum ist das eine Superkraft? Weil du damit den ganzen Lerntag auf ein paar Stunden reduzieren kannst. Calvin Newport – Professor der Informatik und Autor – verpackt das in eine nützliche Formel [27]:

$$Hochwertige\ geleistete\ Arbeit = (Zeitaufwand) \times (Intensität\ der\ Konzentration).$$

Je intensiver die Konzentration, desto weniger Zeit brauchen wir für das Lernen, wenn die Arbeit konstant gehalten wird. Wie schön und einfach diese Formel klingen mag, erfahrungsgemäß muss zuerst eine sehr schwierige Aufgabe überwunden werden: sich hinzusetzen und mit dem Lernen zu beginnen. Deswegen nenne ich drei „Variablen", von denen die Intensität der Konzentration abhängt. Sie werden dir dabei helfen, dich selbst auszutricksen und deine Arbeit zu erledigen.

5.1   Zeit

Im Kap. 3 haben wir über Zeitblöcke gesprochen. **Das Wichtigste an diesen Zeitintervallen ist die hundertprozentige Konzentration:** Keine E-Mails, kein Smartphone, kein Facebook und Co. Oft fällt es einem sehr schwer, sich wie ein Jedi-Meister von nichts ablenken zu lassen. Ich würde zum Beispiel alles tun, um meine Arbeit nicht zu erledigen: Noch eine Tasse Kaffee holen, über das Leben nachdenken oder die raue weiße Decke über meinem Kopf anstarren. Deswegen solltest du deine Umgebung so gestalten, dass du deine Auslösereize vermeidest: Installiere zum Beispiel eine App oder Erweiterung, die für einen bestimmten Zeitintervall alle Webseiten blockiert, die du während des Lernintervalls vermeiden solltest. Oder warne deine Mitbewohner, dass du zu bestimmten Zeiten physisch an- aber psychisch abwesend bist. Ferner kannst du deine Umgebung ganz wechseln: Begib dich an einen Ort, wo du nicht abgelenkt wirst.

5.2 Ort

Warnung: Eine überfüllte Bibliothek erweist sich als kein guter Lernort. Zum Lernen gedacht, kann man dort kaum lernen. Denn wir sind soziale Wesen und schenken deshalb unserer sozialen Umgebung besondere Aufmerksamkeit – zumindest meiner Erfahrung nach. Außerdem sitzen fast in jeder vollen Bibliothek einige Studenten, die laut gähnen, mit einem Haufen Papier rascheln oder hinter deinem Rücken zischeln. Wenn du allerdings besser mit Hintergrundrauschen lernst, dann sind Bibliothek und Cafés wie Starbucks der perfekte Lernort für dich.

Ansonsten lohnt es sich, ziemlich leere Zweigbibliotheken mit wenig bekannten Arbeitsplätzen zu erkunden. **Egal, ob unbekannte Zweigbibliothek oder heiß begehrte Lernkabine: In solchen Umgebungen besteht die Gefahr, dass man sich beschäftigt fühlt, ohne wirklich effektiv zu lernen – dieser Gefahr solltest du dir bewusst sein.** Letztendlich hängt die Wahl deines Lernorts von etwas sehr Wichtigem ab: deiner Lernroutine.

5.3 Routine

Berühmte Menschen unterscheiden sich in ihren Arbeitsroutinen: So betrinken sich manche Schriftsteller oder massieren sich an bestimmten erogenen Zonen, um in den Schreibprozess zu kommen [8]. Was jedoch alle großen Persönlichkeiten gemeinsam haben, ist die permanente Wiederholung: Es ist vollkommen gleich, wie deine Routine aussieht – hauptsache, du führst sie kontinuierlich aus. Im Folgenden erkläre ich, warum es für Physikstudenten so wichtig ist, eine Arbeitsroutine zu haben.

Das Phänomen nennt sich *Regression zur Mitte:* Haben wir einen extremen Messwert, so wird der nachfolgende Wert näher am Durchschnitt gemessen, falls die Messwerte vom Zufall beeinflusst sind. Dabei hat das nichts mit der Kausalität zu tun – es liegt die pure zufällige Natur der Regression zugrunde [33]. Ist zum Beispiel deine Motivation eine Weile auf dem Höhepunkt, so ist es wahrscheinlich, dass sie wieder mittelmäßig wird. Andersherum, erfährst du ein Tief in deinem Studienleben und entscheidest dich, deine Motivation mit Energiedrinks zu steigern, dann könntest du motivierter werden. Die Frage bleibt nur, inwiefern die Energiedrinks die Steigerung tatsächlich beeinflusst haben – es ist eher wahrscheinlich, dass sie damit nichts zu tun haben[1].

---

[1] Beispiel inspiriert von Daniel Kahneman's Beispiel auf Seite 183 in [19].

Lange Rede, kurzer Sinn: **Deine Motivation wird kommen und gehen. Deswegen solltest du die schlechten Tage nicht mit Frustration und Nichtstun treffen, sondern mit Autopilot: d. h. mit Arbeitsroutinen, die das Lernen erleichtern, während deine Motivation abwesend ist.**

Im Physikstudium ist es besonders einfach, anhaltende Routinen einzuführen. Denn jedes Semester erwarten uns die Übungsaufgaben, die am gleichen Wochentag und um die gleiche Uhrzeit ausgegeben werden. Stellen wir uns zum Beispiel vor, dass die wöchentliche Übungsaufgabenserie am Montag um 9:00 Uhr ausgegeben wird und du jeden Montag einen freien Zeitraum zwischen 16:00 Uhr und 20:00 Uhr hast. Jeden Montag machst du dir kurz vor 16:00 Uhr einen Kaffee, trinkst ihn, hörst dir einen deiner Lieblingssongs an und gehst in die Bibliothek. Dort löst du die Aufgaben bis 20:00 Uhr. Das ist deine Routine am Montag.

Was daran so toll ist, ist, dass es der klassischen Konditionierung nach Pawlow ähnelt. Iwan Pawlow ist der Mann mit dem Hund und der Glocke: Immer wenn die Glocke klingelt, bekommt der Hund das Futter und freut sich darüber. Als Nächstes klingelt die Glocke, aber der Hund bekommt kein Futter mehr. Trotzdem freut er sich, d. h. er lässt seinen Speichel fließen [30]. Pawlow hat den Hund ausgetrickst. In ähnlicher Weise kannst du dich selbst austricksen. In deinem Experiment bist du sowohl der Hund als auch der Physiologe. Der Geruch von Kaffee, die positive Assoziation mit dem Lied und die Bibliothek sind die Reize und das Arbeiten an den Übungsaufgaben deine Reaktion: Auch wenn du keine Lust auf die Aufgaben hast, könnte es dir leichter fallen, mit der Arbeit zu beginnen, denn du bist es gewohnt.

Die Übertragung der klassischen Konditionierung auf den Menschen wird oft kritisiert [20]. Aber es gibt auch die Ansicht, dass sie vor allem auf den menschlichen Lernprozess anwendbar ist [36]. Mein Tipp deswegen: Probiere das für ein paar Monate aus und schaue, ob es für dich funktioniert, denn *[d]as ganze Leben ist ein Versuch. Je mehr Versuche du durchführst, desto besser* (Ralph Waldo Emerson).

5.4 Praktische Elemente der Routine

Es hängt von deinen Präferenzen ab, wie, wo und wann du lernst. Beachte jedoch die vier folgenden Dinge, bevor du an die Aufgaben gehst.

Erstens solltest du meistens mit den schwierigeren Aufgaben beginnen, denn deine Konzentration wird nachlassen. Es sei denn, du berechnest die leichteren Aufgaben, um dich einzuarbeiten. Aber die Einarbeitung sollte dementsprechend nicht lange dauern. Außerdem werden schwierige Aufgaben mit mehr Punkten bewertet als kleine Rechenbisse, die manchmal sehr nervig sein können, weil man auf die einfachen Lösungen nur sehr langsam kommt.

Zweitens solltest du dich vollkommen auf den Prozess konzentrieren. Warum ist das so wichtig? Jeder, der sich ein wenig das Schnelllesen beigebracht hat, kennt diesen simplen Trick: Den Finger über jede Zeile führen. Man vermeidet damit das Hin- und Herspringen der Augen und erhöht so die Lesegeschwindigkeit, ohne das Verständnis zu beeinträchtigen [4]. Ähnlich funktioniert das mit den Gedanken: Der Fokus liegt auf dem Lösungsprozess und nicht auf der Lösung selbst. Denke gar nicht an die Lösung während des Lösens und vermeide somit das Hin- und Herspringen der Gedanken.

Drittens ist es besser, die Aufgaben so schnell wie möglich nach der Ausgabe zu berechnen. Warum? Weil du in der restlichen Zeit nicht nur deine Lösungen mit denen der Kommilitonen vergleichen, sondern sie auch besprechen kannst. Das ist schwer, aber es hilft enorm, die eigentliche Physik hinter den Aufgaben zu begreifen und Lösungswege lange im Kopf zu behalten: Schweres Semester – leichte Klausur, leichtes Semester – schwere Klausur.

Letztens, die sogenannte Pomodoro-Technik ist ein nützliches Lernwerkzeug im Physikstudium. Diese Technik ist eine Zeitmanagement-Methode von Francesco Cirillo, der sie in den 1980er Jahren erfunden hat, als er eine Küchenuhr in Form einer Tomate zum Arbeiten benutzte – daher der Name (ital.: *pomodoro* = Tomate) [6]. Die Pomodoro-Technik wird üblicherweise in vier bis sechs Schritte zerlegt: Zuerst definierst du deine Aufgabe. Dann stellst du die Stoppuhr auf 25 min. Im dritten Schritt arbeitest du an deiner Aufgabe. Im nächsten Schritt legst du eine fünfminütige Pause ein. Nach vier solchen 25-minütigen Arbeitsphasen machst du eine längere Pause, die 15–20 min dauern kann [6].

Jedoch sollte man die Technik für das Lösen physikalischer Probleme leicht verändern. So brauchst du zum Lösen von Übungsaufgaben den ersten Schritt nicht, denn die Aufgaben sind meistens klar formuliert – du musst sie nur lösen. Außerdem sind erfahrungsgemäß 25-minütige Intervalle zu kurz. Insbesondere für die Probleme in der theoretischen Physik, wo man manchmal eine halbe Stunde zum Verstehen der Aufgabe braucht, sind 25 min zu knapp. Aber sie eignen sich perfekt zum Lösen leichter Aufgaben in der Experimentalphysik. Man könnte natürlich einwenden, dass die Effektivität der Pomodoro-Technik im Zerlegen der Aufgabe in kleinere Teilaufgaben liegt. Allerdings weiß ein Physikstudent oft nicht, aus welchen Teilproblemen ein schwieriges physikalisches Problem bestehen wird: Hin und wieder wirst du beispielsweise komplexe Integrale lösen müssen. Und um dies zu tun, wirst du sie zuerst in Polarkoordinaten umschreiben müssen. Um keine Fehler zu machen, wirst du sie noch einmal googeln müssen. Nachdem du das Integral in Polarkoordinaten gelöst haben wirst, wirst du die Lösung des Gauß-Integrals nachschauen müssen. Diese Prozedur kann lange so weiter gehen.

Aus diesem Grund ist eine längere Pomodoro-Phase nützlicher für dich. Ich finde eine 45-minütige Arbeitsphase mit einer viertelstündlichen Pause besonders effektiv. Allerdings stellt sich die Pomodoro-Technik nicht immer als effizient heraus. So ist sie an guten Tagen eher ein Hindernis als eine Hilfe: Du brauchst zum Beispiel keine Pause einzulegen, wenn du mitten im Lösen einer Aufgabe und heiß darauf bist, die Lösung endlich herauszufinden. Andererseits ist diese Technik bei den Klausurvorbereitungen enorm nützlich. Denn in diesem Fall weißt du, welchen Umfang deine Aufgaben haben und wie sie strukturiert sind, denn du hast sie oder ähnliche Aufgaben bereits gelöst – zumindest solltest du das im Laufe des Semesters getan haben.

Wenn dir die Bestimmung der Zeit, des Orts und einer Routine eingeschlossen der Pomodoro-Technik zu aufwendig klingt, dann erinnere dich an die obige Geschichte mit dem Studenten und versuche die am Anfang des Kapitels genannte Formel stets im Kopf zu behalten:

$$Hochwertige\ geleistete\ Arbeit\ =\ (Zeitaufwand) \times (Intensität\ der\ Konzentration)$$

Sie wird dir eine gute Orientierung während des gesamten Selbststudiums geben.

LoL: Liste offener Leistungen

- Leiste hochwertige Arbeit.
- Lass dich nicht ablenken: Hundertprozentige Konzentration ist erforderlich.
- Gestalte dementsprechend deine Umgebung.
- Führe Routinen ein, um deine Lernphasen zu stabilisieren.
- Beginne mit den schwierigeren Aufgaben.
- Konzentriere dich auf den Prozess, nicht das Resultat.
- Berechne die Aufgaben so schnell wie möglich nach ihrer Ausgabe.
- Probiere die Pomodoro-Technik aus.

Wie du die Mathematik-Vorlesungen schneller und besser verstehst

Es ist die beste und schlimmste Zeit, eine Vorlesung der Weisheiten und Unverständnisse, eine Sprache der Sätze und Beweise, ein Semester der Hoffnung und eine Klausur der Verzweiflung[1]: Es ist die Mathematik, die das erste Jahr so dramatisch macht.

---

[1]Dieser Satz ist eine Hommage an den ersten Satz in *Eine Geschichte aus zwei Städten* von Charles Dickens.

© Springer Fachmedien Wiesbaden GmbH, ein Teil von Springer Nature 2018
D. Tschodu, *Wie man effektiv und nachhaltig Physik studiert*, essentials, https://doi.org/10.1007/978-3-658-23010-4_6

Doch, ob das Drama gut endet, bestimmst du selbst. Dieses Kapitel hilft dir dabei. Bevor du allerdings dich entmutigt fühlst oder an der Vorlesung verzweifelst, möchte ich dich beruhigen:

- Niemand begreift die Vorlesung hundertprozentig.
- Kaum jemand versteht das meiste.
- Den meisten sind nur einige Teile der Vorlesung klar.
- Kaum jemandem fallen die Lösungswege sofort ein.
- Alle haben Schwierigkeiten mit den Übungsaufgaben und nur einige kommen auf die richtigen Lösungen.
- Man braucht viel Zeit und Mühe, um Beweise und Herleitungen zu verstehen. Aber praktische Dinge wie Differenziale, Integrale, Operatoren u.Ä. wirst du berechnen können.
- Nicht zu verstehen ist ein notwendiges Kriterium für das Verstehen.
- Am Studienende wirst du nicht alles verstanden haben. Du wirst jedoch das Gefühl haben, es verstehen zu können, wenn du dich nur einarbeiten wolltest.

Aber wir sind noch nicht am Studienende: Wir sitzen in der Mathe-Vorlesung und versuchen, den Salat aus lateinischen und römischen Zahlen, alt-griechischen Buchstaben und extra-terrestrischen Symbolen an der Tafel zu entziffern. Hier sind nun die Regeln, um die Vorlesung schneller und besser zu verstehen.

6.1   Führe eine gute und detaillierte Mitschrift

Setze dich in die erste Reihe, stecke die Zunge in den linken Mundwinkel und schreibe die Vorlesung auf, als ob dein Leben davon abhängen würde. Du wirst dir selbst später sehr dankbar dafür sein: Beim Nacharbeiten stolpert man nämlich leicht über kleine Fehler, die sich einschleichen, wenn man beim Abschreiben von der Tafel nicht aufpasst. Ein falsches Vorzeichen scheint zum Beispiel eine Lappalie zu sein – bis die Mitschrift beim Nacharbeiten keinen Sinn mehr ergibt und du eine halbe Stunde im Irrgarten der Vorzeichen verbracht hast. Außerdem solltest du die folgenden Punkte beim Mitschreiben beachten:

Handarbeit ist nachhaltig
Vermeide es, die Vorlesung in den Laptop einzutippen: Erstens ist es enorm zeitaufwendig – egal wie schnell du auf die Tasten hauen kannst, denn Formeln und Grafiken lassen sich nicht besonders schnell eintippen. Zweitens haben mehrere

Studien gezeigt, dass das Mit-der-Hand-Schreiben positive Effekte auf das Lernen und das Langzeitgedächtnis [7, 26] hat: Handarbeit ist nachhaltig.

Verschlüsselung ist sicher
Führe außerdem deine eigenen Symbole ein, die dein Skript am Blattrand verschlüsseln: Ein Blitz könnte zum Beispiel einen Widerspruch symbolisieren, den du unbedingt auflösen solltest. Eine Lupe könnte ein Imperativ zum Nachschauen darstellen – etwas, das du beispielsweise googeln solltest. Welche und wie viele Symbole du auf den Blattrand kritzelst, hängt von deiner Kreativität und Denkweise ab. **Aber ein Symbol darf auf keinen Fall fehlen: das Fragezeichen.**
   Selbstverständlich bezeichnet das etwas, was du noch nicht verstehst. Das Physikstudium kann unglaublich viel Spaß machen, wenn man es als eine Mission betrachtet, bei der alle Fragezeichen, die sich während dieser Zeit anhäufen, geklärt werden müssen: Als ein noch unbekannter Student nahm zum Beispiel der fantastische Mr. Feynman ein Notizbuch und schrieb Dinge auf, die er nicht verstand [14]. Das Notizbuch hatte den Titel *Notebook Of Things I Don't Know About*. Stelle mit deiner Verschlüsselung sicher, dass du auch weißt, was du nicht weißt.

Aggression ist notwendig
Du solltest nicht gegenüber deinen Kommilitonen oder Professoren aggressiv handeln, versteht sich. Es geht darum, dass du dein Skript aggressiv bearbeitest. Was bedeutet das genau? Dein Skript sollte keine unberührbare heilige Mitschrift sein, von der goldene Strahlen ausgehen, die dich im Nu erleuchten. **Vielmehr solltest du aktiv mitschreiben: kommentieren, Assoziationen formulieren und das Geschriebene genau kontrollieren.** Betrachte die Mitschrift nicht als ein Stück Papier, sondern als einen Argumentationsgegner im Gespräch um die Wahrheit.
   Allerdings solltest du vorsichtig mit dem Markieren und Unterstreichen von wichtigen Sätzen oder Aussagen sein: Es kann sein, dass die Aufmerksamkeit auf einzelne Sinneinheiten, statt auf die Verbindung zwischen ihnen gelenkt wird und somit nur den Eindruck erweckt, dass man etwas begriffen hätte [10].

Behalte stets das große Bild im Auge
Die meisten Mathematik-Vorlesungen haben die gleiche logische Struktur: den Definitionen folgen Sätze und Beweise. Dann wird daneben gerechnet – also Nebenrechnung eingeführt – und Beispiele werden vorgerechnet, die wegen ihrer Einfachheit selten für die Übungsaufgaben nützlich sind.
   Gleichzeitig steckt man oft bis zum Hals im Wald der Zahlen und Figuren und weiß nicht mehr, worum es eigentlich in der Vorlesung geht. **Damit das nicht so**

oft vorkommt, solltest du die Zeit, in der der Professor die nächste Nebenrechnung anschreibt oder einen Beweis präsentiert, für die Identifizierung des
großen Bildes nutzen: Was versuchen wir zu beweisen? Wo haben wir angefangen?
Wie hängen die Beweise mit dem Ausgangspunkt zusammen? Von den Hauptthe-
men verzweigt sich der Rest, der zuerst für das Verständnis nebensächlich ist und
auf den du dich deshalb später konzentrieren solltest.

6.2   Arbeite die Vorlesung gründlich nach

Besonders beim Nacharbeiten sollte man seine Konzentration nicht auf andere interessante Themen in den Lehrbüchern zerstreuen lassen. Orientiere dich deswegen
an deinem Skript: Es ist die Grundlage für deine Prüfung. Beim Bearbeiten solltest
du auf die folgenden Dinge achten:

Es ist eine gute Idee, wie ein kleines Kind nach dem Warum zu fragen [10]:
Warum beweise ich das? Warum muss diese Bedingung erfüllt sein? Weiterhin könntest du weinerliche Feststellungen wie *Ich verstehe das nicht!* in elaborative Fragen
wie *Warum verstehe ich das nicht?* umformulieren, um den Verstehensprozess zu
beschleunigen. *Elaborativ,* weil man diese Methode als *elaborative Interrogation*
bezeichnet [10].

**Zweitens bleibe dran aber nicht stecken: Google, wenn du etwas nicht genau
weißt.** So kann man zum Beispiel seine Mitschrift für mehrere Minuten stupide
anstarren oder versuchen, sie durch einen furchterregenden Blick zum Reden zu
bringen. Damit verschwendest du aber deine Zeit. Stattdessen solltest du beispielsweise den Sinus Hyperbolicus sofort nachschauen, wenn du nicht weiß, wie er sich
im Unendlichen verhält.

**Drittens könntest du beim Nacharbeiten die zwei folgenden Methoden
ausprobieren:**

Die Panda-Methode Bei dieser Methode geht es darum, dass du versuchst, dich
so viel wie möglich an deinem Skript und so wenig wie
möglich an der Sekundärliteratur zu orientieren. Du bearbeitest es sehr gründlich, sodass jeder Schritt und jedes Wort
verstanden werden müssen: Wenn du etwas nicht verstehst,
musst du das sofort nachschauen. Erst dann darfst du wieder
zum Skript zurückkehren.

Eine mnemonische Hilfe, um sich diese Methode zu merken, ist, sie als die Panda-Methode zu bezeichnen[2]: Eine Pandamutter entscheidet sich für ein Jungtier und pflegt es lange. (Biologen nennen das die K-Strategie.) Ähnlich entscheidet man sich für seine Mitschrift und pflegt sie ein ganzes Semester lang.

Die Rogen-Methode Bei dieser Methode orientierst du dich zwar an deiner Mitschrift, investierst aber genug Zeit in das Bearbeiten vieler anderer Quellen wie Bücher oder Webseiten. (Mnemonische Hilfe: Viele Eier im Rogen des weiblichen Fischs.) Durch das Vergleichen diverser Darstellungen und Schreibweisen eines und desselben Zusammenhangs kristallisiert du seinen Kern heraus. Möchtest du zum Beispiel einem kleinen Kind beibringen, wie der Buchstabe *A* aussieht, so könntest du ihm immer dasselbe Bild zeigen und lange erklären, was die Essenz des Buchstabens *A* sein soll. Oder du nimmst viele kontrastierende Bilder – kursiv, krumm, farbig, klein, groß etc. – und das Kind wird ahnen, was die unbedeutenden Differenzen sind und was den Buchstaben ausmacht. Ähnlich funktioniert es, wenn du mit unterschiedlichen Quellen lernst, denn hier kontrastierst du die Themen in deinem Skript.

Dieser Methode liegt das sogenannte *Prinzip der kontrastierenden Fälle* zugrunde, das Studenten bei der Analyse der empirischen Daten hilfreich sein kann [31, 32].

Viertens, auch die Fachbücher solltest du nicht einfach drauflos lesen: Überfliege flüchtig das Kapitel, den Text oder die Rechnung und stelle analoge Fragen wie im Abschnitt *Behalte stets das große Bild im Auge:* Wonach sucht man überhaupt? Was will man berechnen oder beweisen? Was ist das Ergebnis der ganzen Rechnung? Erst danach gehst du zu spezifischen Fragen und Schritten über.

Letztens, führe Selbstgespräche. Dina Miyoshi – Professorin für Psychologie am San Diego Mesa College – empfiehlt ihren Studenten, Selbstgespräche zu führen: Anfänglich voller Zweifel, berichten sie später, wie gut das funktioniert [29]. In der Tat habe ich selbst gemerkt, wie hilfreich das sein kann, wenn man bei einer Aufgabe stecken bleibt und nicht mehr weiterkommt. Durch lautes Nachdenken wird

---

[2]Beide Bezeichnungen – die Panda- und die Rogen-Methode – inspiriert von Andrew Ng, der sie im Kontext des maschinellen Lernens verwendete [28].

man magischerweise auf Lücken in der Logik und Flüchtigkeitsfehler aufmerksam: **Effektiver als Selbstgespräche können nur Gespräche mit Kommilitonen sein, wenn du bei einem Problem nicht weiterkommst.**

Ob Panda, Rogen oder andere Methoden: Lass dich nicht langweilen. Denn der Erzfeind des Lernens ist nicht die Faulheit oder Dummheit, sondern die Langeweile. Variiere und experimentiere mit deinen Methoden, um die Vorlesung und das Studium allgemein spannend und aufregend zu halten.

LoL: Liste offener Leistungen
- Führe eine gute und detaillierte Mitschrift.
  - Schreibe mit der Hand, nicht auf dem Laptop.
  - Führe deine eigenen Abkürzungen und Symbole ein.
  - Schreibe aggressiv mit.
  - Versuche, das große Bild stets im Auge zu behalten.
- Arbeite die Vorlesung gründlich nach.
  - Frage ständig nach dem Warum.
  - Google, wenn du etwas nicht weißt.
  - Benutze die Panda- oder die Rogen-Methode.
  - Bearbeite Fachbücher planvoll und zweckmäßig.

Wie du Aufgaben knackst und besser wirst 7

In diesem Kapitel geht es um die Fragen von Sein oder Nichtsein im Physikstudium: Wie gehe ich an Aufgaben heran und wie werde ich besser? Um diese Fragen zu beantworten, könnten wir etwas von einem Milliardär und einem Philosophen lernen: die mentalen Modelle.

© Springer Fachmedien Wiesbaden GmbH, ein Teil von Springer Nature 2018   33
D. Tschodu, *Wie man effektiv und nachhaltig Physik studiert*,
essentials, https://doi.org/10.1007/978-3-658-23010-4_7

7.1   Mentale Modelle

Ludwig Wittgenstein – einer der einflussreichsten Philosophen des 20. Jahrhunderts, der außerdem meisterhaft pfeifen konnte – popularisierte das Konzept der sogenannten *mentalen Modelle* in der Philosophie [37]. Und Charles Munger – der Berater des Milliardärs Warren Buffet – betrachtet sie als die notwendige Grundlage zur Aneignung der Weltklugheit: „Sie müssen die Modelle lernen, sodass sie ein Teil Ihres festen Repertoires werden." [1] (eigene Übersetzung).

Auch wenn die Klugheit vom globalen Ausmaß nicht das primäre Ziel eines lokalen Physikstudenten am Studienanfang ist, können die mentalen Modelle sehr nützlich für das Erlernen neuer physikalischer Konzepte sein [21]. Was sind nun diese mentalen Modelle?

Wir Physiker würden sie als Heuristiken bezeichnen, andere einfach als Prinzipien und manche weltkluge Menschen als Homomorphismen zwischen Wirklichkeit und Denken, also als mentale Abbildungen eines Teils der Realität. Sie sind folglich vereinfachte und reduzierte Erklärungen, wie etwas funktioniert. Wie auch immer man sie nennt: Für uns ist es wichtig, dass wir begreifen, wie sie gebildet werden.

Man kann sich ein mentales Modell in drei Schritten aneignen:

1. **Begreife die Bedeutung:** Betrachte ein Konzept oder eine Idee und versuche, den Kern herauszukristallisieren. Dabei können dir die folgenden Fragen helfen: Verstehe ich jedes Wort? Wie ist das wirklich definiert? Brauche ich mehr Informationen? Was sind die Ursachen und was sind die Folgen? Was begreife ich nicht? Gibt es ein Beispiel, das meine Lösung widerlegt? Kann ich mir das einfachste Beispiel für dieses Problem ausdenken? Warum soll ich das verstehen? Kann ich den Sinn der Idee in einem kurzen Satz wiedergeben?
2. **Vereinfache und reduziere:** Manchmal schmückt man physikalische Ideen mit kompliziert klingenden Begriffen, der neurotisch angehauchten mathematischen Strenge und verwirrenden Abbildungen. Betrachte jedoch eine Idee als etwas, was präzise herausgeschält werden muss: Gibt es etwas, was die Klarheit der Idee trübt? Was sind die einfachsten Elemente, auf die ich das Konzept reduzieren kann? Inwiefern ist das relevant für die Aufgabe, mein Verständnis oder sogar das Leben allgemein?
3. **Modelliere die Realität:** Formuliere die Idee in deinen eigenen Worten, verbinde sie mit einem lebhaften und anschaulichen Bild und zeichne sie. Dabei sollte die Nützlichkeit der Idee hervorgehoben werden.

Besonders der letzte Schritt – das Zeichnen oder Malen eines lebhaften Bildes – ist eine effektive mnemonische Hilfe, Konzepte langfristig im Kopf zu behalten und schneller aus dem Gedächtnis abzurufen [34].
Nehmen wir das zweite Newtonsche Gesetz zur Verdeutlichung: $\vec{F} = m \cdot \vec{a}$.

1. **Begreife die Bedeutung:** Offensichtlich besagt die Formel, dass Kraft gleich Masse mal Beschleunigung ist. Das kann aber nicht die zugrundeliegende Bedeutung sein, denn ich sage nur, was geschrieben ist.

   Die Pfeile über der Beschleunigung $\vec{a}$ und der Kraft $\vec{F}$ bedeuten, dass diese Größen Vektoren sind. Ein Vektor ist als Größe (Zahl) plus Richtung definiert. Aber es gibt krumme Wege: Existieren auch krumme Vektoren oder müssen alle Vektoren gerade sein? Nach einem kurzen Nachschauen erfahre ich, dass Vektoren eigentlich Elemente einer sehr abstrakten Struktur sind, genannt der Vektorraum. Die Vektoren dieses Raums können aber auch beispielsweise Funktionen oder andere Dinge sein. Die gewohnte Beschreibung der Vektoren als geradlinige Verschiebung eines Punkts in eine bestimmte Richtung bezieht sich nur auf den Euklidischen Vektorraum, in dem alles so schön anschaulich ist.

   Außerdem stellt sich heraus, dass Masse nicht gleich Gewicht ist, denn die Masse ist ein Maß dafür, wie viel Materie in einem Körper enthalten ist: Sie ist also auch auf einem anderen Planeten gleich. Als Gewicht bezeichnen wir jedoch die Gewichtskraft, die beispielsweise auf der Erde circa sechsmal so groß ist wie auf dem Mond.

   Okay, ich verstehe jedes Wort und begreife, was Vektoren sind. Jetzt scheint das einfach zu sein: Ändere ich die Richtung und die Größe der Beschleunigung, so wird sich auch dementsprechend die Kraft ändern – und zwar mit dem Proportionalitätsfaktor m. Aber was ist die Ursache der Beschleunigung? Woher kommt sie?

   Beschleunigung ist die Änderung der Geschwindigkeit. Woher kommt die Geschwindigkeit? Diese Frage erklärt das erste Newtonsche Gesetz, das besagt, dass die Geschwindigkeit eines Körpers konstant bleibt, wenn auf ihn keine Kraft wirkt [3]: Er bleibt in Ruhe, wenn er ursprünglich in Ruhe war und bewegt sich mit konstanter Geschwindigkeit, wenn er ursprünglich bewegt war. Folglich wird die Änderung der Geschwindigkeit von einer externen Kraft verursacht. Für das Verständnis forme ich die Formel um: $\vec{a} = \vec{F}/m$.

2. **Vereinfache und reduziere:** Ich vergesse für einen Moment den Vektorraum, das erste Newtonsche Gesetz und die Pfeile und setze nur Zahlen ein: Vergrößere ich die Kraft bei konstanter Masse, so wird auch die Beschleunigung größer. Umgekehrt führt eine größere Masse zu einer kleineren Beschleunigung, wenn die Kraft konstant gehalten wird.

3. **Modelliere die Realität:** Möchte ich zum Beispiel höher springen, so sollte ich natürlich hart trainieren. Aber ich darf nicht einfach drauflos anfangen, viele schwere Gewichte zu bewegen. Denn die Fähigkeit zur Selbst-Beschleunigung ist gleich meine Kraft geteilt durch die Masse. Deswegen sollte ich kein Bodybuilding betreiben, sondern ein Krafttraining, bei dem die eigene Kraft größer wird ohne Gewichtszunahme. Alternativ könnte ich auf den Mond fliegen und dort wie ein glücklicher Mondmensch springen. Beides: Das Gewichtheben und Springen auf dem Mond zeichne ich als mnemonische Hilfe.

In jeder Vorlesung werden mentale Modelle vorgestellt: Das einzige, was du machen solltest, ist, sie zu begreifen und kurz und klar zu protokollieren. Nun wissen wir, wie mentale Modelle gebildet und während des ganzen Studiums gesammelt werden können. Aber wie wendet man sie auf die Übungsaufgaben an?

7.2   Die Aufgaben knacken

Die mentalen Modelle stellen den ersten Schritt im folgenden Rezept dar, das für die Herangehensweise an die Aufgaben hilfreich sein kann:

1. Um welche mentalen Modelle geht es?
2. Was genau ist gefragt?
3. Übersetze Normalsprache in Physiksprache.
4. Skizziere das Problem.
5. Löse die Aufgabe und kontrolliere dabei die Einheiten: Eine Lösung ist erst dann korrekt, wenn alle Einheiten richtig sind.
6. Überprüfe und verbessere deine Lösung.

1. **Um welche mentalen Modelle geht es?** Meistens geht es bei den Übungsaufgaben um die Themen, die bereits in der Vorlesung behandelt wurden – zumindest sollte das so ablaufen. Wenn du in den Vorlesungen anwesend bist und/oder sie gründlich nacharbeitest, sollte das Identifizieren von mentalen Modellen kein Problem sein: Eine Aufgabe mit der schiefen Ebene weist zum Beispiel darauf hin, dass du es mit Kräften zu tun hast – folglich solltest du das zweite Newtonsche Gesetz anwenden. Aber es gibt auch Fälle, bei denen man verzweifelt und hoffnungslos vor einer Aufgabe sitzt und gar nicht weiß, wie sie mit der Vorlesung zusammenhängt: Schaue dir in diesem Fall die gegebenen Variablen an und frage dich, in welchen Gleichungen sie vorkommen. Das könnte dir einen Hinweis darauf geben, um welche mentalen Modelle es geht.

2. **Was genau ist gefragt?** Was genau muss man berechnen? – diese Fragen zu stellen, klingt selbstverständlich. Aber manche Aufgabenstellungen sind verschlüsselt formuliert. Außerdem gibt es selten den oder einen richtigen Weg, die Aufgabe zu lösen: Es gibt zum Beispiel mehrere Möglichkeiten, etwas zu beweisen. Identifiziere deshalb, was gefragt ist, und mache dir klar, wie du das beantworten willst: Ob du etwas gleichsetzen, differenzieren, integrieren oder transformieren könntest.

3. **Übersetze Normalsprache in Physiksprache.** Ja, du hast es richtig gelesen: Normalsprache in Physiksprache übersetzen und nicht andersherum. Das bedeutet, dass jede Aussage in der Aufgabenstellung mathematisch formuliert werden sollte. Wenn die Rede von der maximalen Geschwindigkeit und zwei externen Kräften ist, dann schreibe gleich $\vec{v}_{max}$, $\vec{F}_1$, $\vec{F}_2$ auf. Denn oft steckt die Lösung der Aufgabe bereits in der Aufgabenstellung: Beim Umschreiben in Variablen bemerkst du die versteckten Hinweise. So impliziert die maximale oder minimale Größe wie die Geschwindigkeit, dass eine Funktion differenziert und gleich null gesetzt werden muss. Achte deswegen genau auf solche Hinweise.

4. **Skizziere das Problem.** Eine Skizze sagt mehr als tausend Variablen. Damit gewinnst du nicht nur die Einsicht in den physikalischen Vorgang der Aufgabe, sondern du kultivierst Schritt-für-Schritt die Denkweise eines Physikers: Und je mehr Skizzen du entwirfst, desto schneller bekommst du ein Gespür für die Physik.

5. **Überprüfe und verbessere deine Lösung.** Dieser Schritt ist entscheidend, wenn du schnell besser werden willst: Überprüfe und vergleiche deine Lösung mit einer richtigen Lösung. Normalerweise werden alle Übungsaufgaben in den Übungsgruppen vorgerechnet. Deswegen solltest du auf keinen Fall ein Seminar schwänzen, wenn du dir deiner Lösung nicht sicher bist oder wenn du sonst keine Möglichkeit hast, eine richtige Lösung zu finden. Das unmittelbare Feedback ist ein wesentlicher Faktor, wenn es um Expertise und Leistung geht [11]. Deswegen solltest du versuchen, deine Lösung nicht nur zu vergleichen, sondern wirklich zu verbessern: Vielleicht gibt es einen viel einfacheren und eleganteren Weg? Oder einen allgemeinen Ansatz?

Die beschriebene Vorgehensweise ähnelt dem sogenannten *deliberate practice* (bewusstes oder reflektiertes Praktizieren) [11], bei dem es kurz gefasst darum geht, ein klares Ziel zu haben, ein unmittelbares Feedback zu bekommen und aus Fehlern zu lernen. Dabei sollte das Lernen bewusst und mit höchster Konzentration erfolgen. Genau das versuchen auch wir zu erreichen.

7.3　Nachhaltig lernen statt kurzfristig bestehen

Das größte praktische Potential der mentalen Modelle und der beschriebenen Herangehensweise zeigt sich am Semesterende, wenn die Prüfungen sich nähern und du plötzlich erkennst, dass du doch früher mit der Vorbereitung hättest anfangen sollen.

Relativ wenig Aufwand während des Semesters wird dir ziemlich viel Stress in der Prüfungsphase ersparen, wenn du nebenbei eine Liste mit drei Spalten führst: **In der ersten Spalte steht die Nummer oder die Bezeichnung der Aufgabe, in der nächsten die benötigten mentalen Modelle und in der letzten die angewandten Werkzeuge.** Ein Beispiel zeigt die Abb. 7.1. Das Letztere sind die mathematischen Werkzeuge, die du zum Lösen der Aufgaben brauchst: Kreuzprodukt, Gradient, Divergenz, Rotation, Kettenregel, Kugelkoordinaten, der Feynman-Parameter, Gaußscher Integralsatz, etc. Später erlernt man viel coolere und nach Science-Fiction klingende Werkzeuge wie Erzeugungs- und Vernichtungsoperatoren, Lorentz-Transformation, Dichte-Matrix, Delta-Funktion und Renormierung.

Es lohnt sich, den Todesstern mithilfe des Vernichtungsoperators zu zerstören. – Nein, das wollte ich nicht schreiben: Es lohnt sich, die mentalen Modelle und die mathematischen Werkzeuge in einer Liste zu protokollieren, um sicher zu gehen,

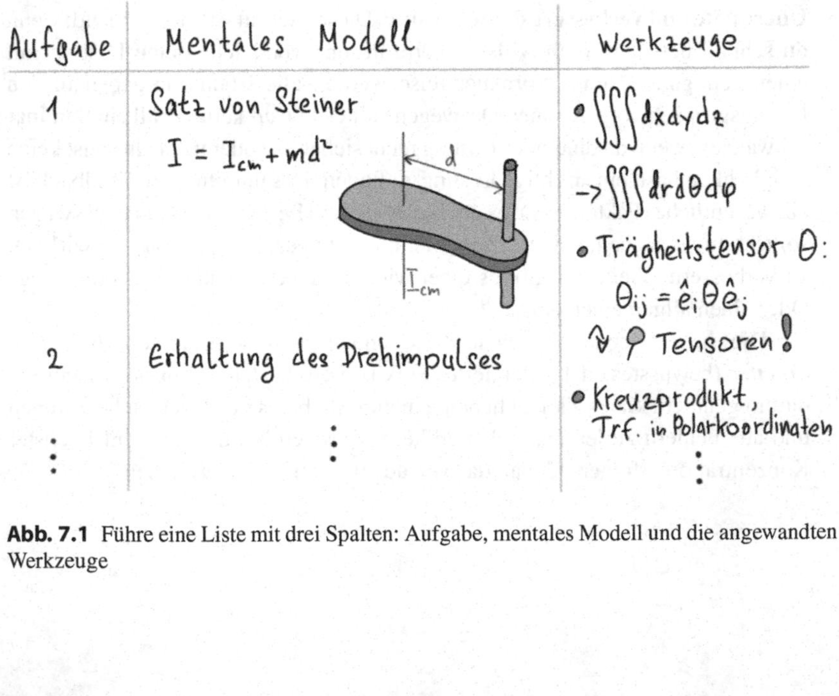

Aufgabe	Mentales Modell	Werkzeuge
1	Satz von Steiner $I = I_{cm} + m d^2$	$\circ \iiint dx\,dy\,dz$ $\rightarrow \iiint dr\,d\theta\,d\varphi$ $\circ$ Trägheitstensor θ: $\theta_{ij} = \hat{e}_i\,\theta\,\hat{e}_j$ $\looparrowright \varphi$ Tensoren!
2	Erhaltung des Drehimpulses	$\circ$ Kreuzprodukt, Trf. in Polarkoordinaten
$\vdots$	$\vdots$	$\vdots$

Abb. 7.1 Führe eine Liste mit drei Spalten: Aufgabe, mentales Modell und die angewandten Werkzeuge

dass man sie beherrscht. Am Semesterende verwandelt sie sich in eine nützliche Checkliste für die Prüfung.

Auch wenn du das Kapitel gelesen hast, wird es sicherlich vorkommen, dass du immer noch an deiner Aufgabe sitzen und sie nicht verstehen wirst. In diesem Fall kannst du dir sehr lange deinen Kopf zerbrechen, verschiedene Ansätze ausprobieren und irgendwann wirst du das Rätsel lösen. Die Frage bleibt nur, wie lange das dauert. Oder du kannst etwas Unverschämtes tun: Abschreiben. Und davon handelt das nächste Kapitel.

LoL: Liste offener Leistungen
- Identifiziere die mentalen Modelle.
  - Begreife die Bedeutung.
  - Vereinfache und reduziere.
  - Modelliere die Realität.
- Verstehe, was genau gefragt ist.
- Übersetze Normalsprache in Physiksprache.
- Skizziere das Problem.
- Überprüfe und verbessere deine Lösung.
- Führe eine Liste mit mentalen Modellen und mathematischen Werkzeugen.

Wie du richtig schummelst 8

Das beschämende Schweigen muss gebrochen werden: Viele Physikstudenten schreiben ihre Lösungen ab. Normalerweise hören wir immer denselben kategorischen Imperativ, laut dem wir auf keinen Fall aus den Musterlösungen abschreiben sollen, und fühlen den moralischen Finger direkt auf uns gerichtet.

Aber dieser Imperativ birgt Gefahren. Denn versucht ein frischer Student von Anfang an, die Übungsaufgaben absolut selbstständig zu lösen, so wird er einen Zweifrontenkrieg führen müssen: Mit dem enormen Arbeitsaufwand einerseits und der absoluten Ahnungslosigkeit, wie man an physikalische Probleme herangeht

© Springer Fachmedien Wiesbaden GmbH, ein Teil von Springer Nature 2018   41
D. Tschodu, *Wie man effektiv und nachhaltig Physik studiert*,
essentials, https://doi.org/10.1007/978-3-658-23010-4_8

andererseits. Das Erste hetzt ihn, seine Aufgaben schnell zu erledigen und das
Letzte rät ihm, Entschleunigungsmaßnahmen zu ergreifen, Halt zu machen, um
sie gründlich zu bearbeiten.

Dieses Spannungsverhältnis soll keine Ausrede dafür sein, fremde Lösungen
stupide abzuschreiben, um zur Prüfung zugelassen zu werden – außerdem wird
man mit dieser Einstellung sowieso durchfallen. Es geht vielmehr darum, die er-
zeugte kognitive Dissonanz zu entspannen. **Denn Studenten, die „schummeln",
scheitern im Physikstudium nicht, weil sie abschreiben, sondern weil sie falsch
abschreiben.**
In diesem Kapitel erkläre ich, wie man richtig abschreibt.

8.1   Selbst Benjamin Franklin hat das gemacht

Um das Problem des richtigen Schreibens zu lösen, können wir von Benjamin
Franklin – vielleicht einem der letzten Universalgelehrten – etwas lernen.

Seine Autobiographie zählt zu den meist gelesenen Autobiographien der Geschichte [18]. Obwohl von manchen Kritikern stilistisch bemängelt, zeigt
sein Schreibstil eine einfache, klare, pragmatische und sogar journalistische
Ausdrucksweise [18]. Wie hat er sich diesen Stil angeeignet?

Die Antwort auf diese Frage gibt uns seine Autobiographie: Um seinen Stil zu
formen, zu schleifen und zu polieren, lies er im *Spectator* – einer Tageszeitung, die
in den Jahren 1711–1712 produziert wurde. Franklin war begeistert von ihrem Stil.

Also wählte er einige Stellen aus und fasste sie kurz zusammen. Ohne einen
Blick in das Original zu werfen, versuchte er die Stellen aus dem Gedächtnis zu
schreiben, wobei er seine eigenen Worte benutzte, wenn ihm etwas nicht einfiel
[13]. Dann verglich er seine Aufsätze mit dem Original und stellte fest, dass weder
sein Wortschatz noch seine Wortwahl dem gewünschten Niveau entsprechen. Um
sein Vokabular zu vergrößern und die Streubreite seiner verbalen Präzision zu ver-
kleinern, ging er über das bloße Vergleichen und Korrigieren hinaus: Er schrieb alle
Stellen in Verse um [13].

Es ist faszinierend, dass Franklin Prosa in Verse entfaltete, um die Elemente des
schönen Stils zu erkennen: Als ob er einen Lichtstrahl durch ein Dispersionspris-
ma schicken würde, um ihn aufzuspalten und das schöne farbige Lichtspektrum zu
sehen. Danach straffte er Verse wieder in die ungebundene Sprache, um zu kontrollieren, ob er diese Elemente tatsächlich beherrscht.

Genau das können wir von ihm lernen: Wir werden die Musterlösungen nutzen, um die Elemente der physikalischen Denkweise und die Verständnislücken sichtbar zu machen, um sie mit Verständnis zu füllen.

8.2 Du kannst das auch tun

Der folgende „Lern-Algorithmus" stellt eine Anwendung der Idee von Benjamin Franklin auf die Übungsaufgaben dar:

1. Finde eine Musterlösung.
2. Verstehe die Lösung.
3. Schreibe sie aus dem Gedächtnis. Vergleiche sie mit der Musterlösung. Finde alle Abweichungen.
4. Analysiere und behebe die Abweichungen.
5. Wiederhole 3 und 4 bis alle Abweichungen verschwinden.

Beim zweiten Schritt muss die Lösung wirklich verstanden werden – erst dann gehst du zum nächsten Schritt über. Außerdem bedeutet der vierte Schritt, dass du die Gründe für deine Abweichungen herausfinden solltest: Warum hast du diesen einen Fehler gemacht? Was hast du in der Vorlesung nicht begriffen, dass du diesen einen Fehler gemacht hast?

Mit einem Beispiel bringen wir den Algorithmus zum Laufen. Angenommen, du hast die folgende Aufgabe zu lösen:

Eine Punktmasse m rutscht reibungsfrei in einen Looping mit dem Durchmesser D. Aus welcher Höhe h muss die Masse starten, damit sie an der höchsten Stelle des Loopings die Bahn nicht verlässt?

Fangen wir mit dem Abschreiben an!

1. Finde eine Musterlösung: kinderleicht. Hier ist eine:

Im höchsten Punkt der Schleifenbahn müssen sich die Gewichtskraft und die Zentrifugalkraft der Punktmasse ausgleichen:

$$mg = \frac{mv^2}{r} \Rightarrow v^2 = gr$$

Die kinetische Energie an diesem Punkt ist:

$$E_{kin} = \frac{1}{2}mv^2 = \frac{1}{2}mgr$$

Die Gesamtenergie am höchsten Punkt der Schleifenbahn ergibt sich aus der Summe der kinetischen und der potentiellen Energie:

$$E = E_{kin} + E_{pot} = \frac{1}{2}mgr + mgD$$

Wegen des Energieerhaltungssatzes muss diese Energie gleich der anfänglichen potentiellen Energie sein:

$$\frac{1}{2}mgr + mgD = mgh$$

$$\frac{1}{2}mg\frac{D}{2} + mgD = mgh$$

$$\frac{5}{4}D = h$$

2. Verstehe die Lösung: Es ist vom Kräftegleichgewicht die Rede. Anscheinend muss am höchsten Punkt der Schleifenbahn die Kraft nach unten die nach oben ausbalancieren, damit die Punktmasse nicht fällt.

Dann betrachtet man die einzelnen Energien, damit ihre Summe mit der potentiellen Energie auf der Höhe h gleichgesetzt werden kann.

Im Grunde genommen sind nur zwei Dinge notwendig: die Energieerhaltung und das Kräftegleichgewicht.

3. Schreibe sie aus dem Gedächtnis. Vergleiche sie mit der Musterlösung. Finde alle Abweichungen: Ich erinnere mich, dass zwei Schritte notwendig waren: die Energieerhaltung und das Kräftegleichgewicht. Im höchsten Punkt der Schleifenbahn waren es die Kräfte: Die Zentripetalkraft, die zum Mittelpunkt hin zeigt, muss die Gewichtskraft ausgleichen:

$$-\frac{mv^2}{r} = mg \Rightarrow v^2 = -gr$$

Dann betrachte ich die kinetische Energie:

$$E_{kin} = \frac{1}{2}mv^2 = -\frac{1}{2}mgr$$

Die Gesamtenergie im höchsten Punkt ist folglich:

$$E = E_{\text{kin}} + E_{\text{pot}} = -\frac{1}{2}mgr + mgD$$

Diese Gesamtenergie muss die anfängliche potentielle Energie ausgleichen:

$$-\frac{1}{2}mgr + mgD = mgh$$

$$-\frac{1}{2}mg\frac{D}{2} + mgD = mgh$$

$$\frac{3}{4}D = h$$

4. Analysiere und behebe die Abweichungen:
Da rechne ich, ein armer Tor, und bin so klug als wie zuvor! Offensichtlich liegt der
Fehler im Vorzeichen. Was hat ihn verursacht? Anscheinend ist die Zentripetalkraft
nicht dasselbe wie die Zentrifugalkraft. Der Grund für den Fehler ist die falsche Auf-
fassung, was diese Kräfte sind, nicht das Vorzeichen selbst. Folglich muss ich mich
mit dem rotierenden Bezugssystem, dem Inertialsystem und den Trägheitskräften
gründlich auseinandersetzen.

5. Wiederhole 3 und 4 bis alle Abweichungen verschwinden:
Der Unterschied zwischen Zentripetal- und Zentrifugalkraft ist mir nun klar. Hof-
fentlich werde ich denselben Fehler nicht noch einmal machen...

8.3   Die Kunst des richtigen Abschreibens

Beim Bearbeiten der Musterlösung solltest du sie in die elementarsten Verständnis-
einheiten zerlegen. Die Übergänge zwischen diesen Einheiten müssen verstanden
werden. Dann deckst du die Musterlösung ab und versuchst, sie aus dem Gedächtnis
zu schreiben. Auch wenn du die Lösung hundertprozentig verstehst, wird dir beim
Vergleichen oft auffallen, dass du doch einige Abweichungen zeigst: Diese Abweichungen müssen nicht unbedingt Fehler sein, sondern sie können beispielsweise
alternative Berechnungen darstellen.

Und genau das ist die Stärke dieser Methode: **Wie auf einem Radarmoni-
tor piept jede Abweichung und alarmiert dich über deine Verständnislücken –**
metaphorisch gesprochen, versteht sich. Damit sollten dir die wöchentlichen
Übungsaufgaben weniger Aufwand bereiten und das Bestehen der Klausur sollte

kein Problem sein. Aber es gibt eine Wendung in dieser Geschichte, in der du als
Protagonist deinen Tiefpunkt erleiden könntest: Klausuren bestehen nämlich nicht
vollständig aus den Übungsaufgaben, die du bereits berechnet hast. **Deswegen solltest du deine Aufgaben variieren.**

Das bedeutet, dass du diese Methode auf thematisch verwandte Aufgaben an-
wendest. Wenn du mehrere Übungsaufgaben mit diesem Algorithmus bearbeitet
hast, kannst du die neuen unbekannten Aufgaben selbstständig zu berechnen versuchen und die Schritte 2 und 3 überspringen, denn du hast die Lösungsstruktur
solcher Aufgaben bereits erkannt.

Obwohl man im Studium eine Unmenge an physikalischen Problemen bewältigen muss, ist es umso wichtiger, dass du auch verschiedene Aufgaben anpackst.
Außerdem ist etwas Anderes außerordentlich wichtig: **Versuche, die Musterlösungen zu übertreffen.**

Geht es einfacher, schneller oder eleganter? In den ersten Semestern hat man
sich die physikalische Denkweise noch nicht angeeignet und denkt deswegen einfacher – diese Aussage kann natürlich relativiert werden. Das ist einer der Gründe,
warum man so lange an den Aufgaben sitzt. Aber es hat auch den Vorteil, dass man
manchmal einfachere Lösungen herausbekommt. Versuche diese Naivität zu nutzen,
um besser zu werden.

Den Ursprung des Wortes *Kunst* kann man bei den Vorsokratikern orten: Sie be-
zeichneten damit das handwerkliche Können [23]. In diesem Sinne sollte auch *die
Kunst des richtigen Abschreibens* verstanden werden. Die Betonung liegt auf dem
handwerklichen Herangehen an die Musterlösungen: Alle Schritte müssen nachein-
ander erlernt, perfektioniert und das Denken muss eingeübt werden, damit später
ein wertvolles Kunststück entsteht – deine eigene Lösung.

LoL: Liste offener Leistungen

- Benutze den beschriebenen Lern-Algorithmus.
  - – Finde eine Musterlösung.
  - – Verstehe die Lösung.
  - – Schreibe sie aus dem Gedächtnis.
  - – Analysiere sie und behebe alle Abweichungen.
  - – Wiederhole den Prozess bis alle Fehler verschwinden.
- Variiere deine Aufgaben.
- Versuche, die Musterlösungen zu übertreffen.

Wie du Zusammenhänge erkennst und sie nachhaltig im Kopf behältst

Oft steckt man in einer lokalen Krise: Man versteht den Gedankengang der Vorlesung nicht. Man weiß nicht, worauf der Professor hinaus will oder worauf die Aufgabe abzielt. Oder man setzt sich an die Übungsaufgaben und findet gar keine Ansätze für die Problemstellungen. Diese lokalen Instabilitäten können aber leicht die Ausmaße einer globalen Krise annehmen. Deren Folge äußert sich typischerweise im Selbstzweifel: *Ich kenne Menschen, die wesentlich besser sind als ich, und sie haben ihr Physikstudium abgebrochen. Bei den Anderen sieht alles so einfach aus! Ist es normal, dass ich so wenig verstehe?*

© Springer Fachmedien Wiesbaden GmbH, ein Teil von Springer Nature 2018
D. Tschodu, *Wie man effektiv und nachhaltig Physik studiert*,
essentials, https://doi.org/10.1007/978-3-658-23010-4_9

Die lokalen Krisen resultieren aus der Unfähigkeit, die aufgenommenen Informationen in das bereits Verstandene einordnen zu können. Diese Unfähigkeit erkennst du während der Vorlesung an der typischen Frage deines Sitznachbarn: *Warum machen wir das überhaupt?*

Im Nachhinein kann diese Frage beantwortet werden, weil man das große Ganze sieht. In diesem Kapitel erfährst du deshalb, wie du es von Anfang an sehen und somit die Zusammenhänge schneller begreifen kannst.

9.1   Erstelle eine Landkarte der Physik

Du nimmst eine sinnvolle Abkürzung zu dem Punkt, an dem du die gesamte Landschaft des zu Lernenden überblickst, indem du von Anfang an eine Landkarte der Physik erstellst. Ob sie eher einer schriftlichen Zusammenfassung oder eher einer echten Karte gleicht, hängt von deiner Denkweise ab. Allerdings solltest du auf ihr das neue Wissen orten können. Was bedeutet das? Das folgende Beispiel soll dir ein Gefühl geben, wie du deine eigene Karte gestalten kannst:

Ich sehe drei große Gebiete der Physik deutlich vor mir: 1. Die klassische Mechanik, 2. die Quantenmechanik und 3. die relativistische Physik.

1. **Klassische Mechanik**
   In der klassischen Mechanik befasst man sich hauptsächlich mit den Bewegungen von Körpern, die mit den Newtonschen Gesetzen beschrieben werden: Wirft man zum Beispiel einen Apfel schräg, so kann man damit dessen Flugbahn exakt berechnen.

   Möchte man die Bewegung eines Objekts, das sich in der Größenordnung zur Sonne wie der Apfel zum Gymnastikball verhält – also des Planeten Jupiter zum Beispiel – so braucht man die Keplerschen Gesetze. Denn sie beschreiben die Bewegung eines Körpers um seinen Zentralkörper: Wie die des Jupiter um die Sonne.

   Physikgeschichte ist in die Apfelanekdote eingefügt: Newton sieht einen Apfel vom Baum fallen und fragt sich, warum der Mond nicht auf die Erde fällt. Was daraus folgt, ist das Newtonsche Gravitationsgesetz, das die ersten mathematischen Beschreibungen der Keplerschen Gesetze, die Bewegung des Mondes um die Erde und die Schwerkraft der Erde vereint.

   Mit dem Gravitationsgesetz und der Optik – der Lehre von Lichtausbreitung, die Teleskope ermöglichte – konnte man seinen Blick auf das große geheimnisvolle Universum werfen: Kosmologie und Astrophysik entwickelten sich.

Licht breitet sich als elektromagnetische Welle aus. Mit dem Elektromagnetismus beschäftigt sich die Elektrodynamik.

Fundamental sind auch die Hauptgesetze der Thermodynamik, die – erkennbar am Namen – in der Thermodynamik behandelt werden. Die wichtigsten Begriffe hier sind Temperatur, Wärme, Energie und Entropie, mithilfe derer beispielsweise die Wärmemaschinen erklärt werden.

Die klassische Mechanik erklärt die Makrowelt. Um das Verhalten der Objekte in der Mikrowelt zu beschreiben, braucht man die Quantenmechanik.

2. **Quantenmechanik**
   Nimmt man die Werkzeuge der Quantenmechanik und arbeitet damit an der Thermodynamik, so begibt man sich in den Bereich der statistischen Physik. Von hier aus hat man einen weiten Blick auf die Chaostheorie. Die Quantenmechanik beinhaltet die Atom-, Kern-, Teilchenphysik und viele weitere Fachgebiete, die Phänomene auf Quantenebene untersuchen.

3. **Relativistische Physik**
   Gemeint sind die spezielle und die allgemeine Relativitätstheorie. Die spezielle Relativitätstheorie ist die relativistische Erweiterung der Newtonschen Gesetze: Hier kann sich die Masse ändern und die Geschwindigkeiten sind nahe der Lichtgeschwindigkeit.

   Wichtige Resultate der speziellen Theorie muss man wissen: Die Lichtgeschwindigkeit ist konstant und $E = mc^2$.

   Die allgemeine Relativitätstheorie erklärt die Gravitation als eine Eigenschaft der vier-dimensionalen Raumzeit.

4. **Stringtheorie oder Schleifenquantengravitation?**
   Quantenmechanik plus spezielle Relativitätstheorie ergibt Quantenfeldtheorie.

   Quantenphysik plus allgemeine Relativitätstheorie ergibt ein Fragezeichen, das man gerne mit der Stringtheorie und der Schleifenquantengravitation ersetzen würde.

   Weitere Teilgebiete der Physik wie zum Beispiel die Biophysik oder die Computerphysik befinden sich in den Schnittstellen zwischen Physik und anderen Wissenschaften.

Um deine eigene Landkarte zu skizzieren, solltest du in die Bücher im Kap. 12 Abschnitt *Landkarten der Physik* hereinschauen.

9.2   Verbinde die Punkte auf der Landkarte

Das Erstellen der Landkarte ist enorm wichtig: Sie liefert dir eine Vorlage mit den Punkten, die du im Studium Vorlesung für Vorlesung, Aufgabe für Aufgabe und Rechenschritt für Rechenschritt verbinden wirst. Und die Frage *Warum machen wir das überhaupt?* verschwindet wie von selbst.

Aber wie genau verbindet man die Punkte?

Im Kap. 7 haben wir gelernt, wie man ein mentales Modell bildet. Jedes Mal, wenn du ein neues mentales Modell gebildet hast – also ein Prinzip wirklich begriffen hast – solltest du dich fragen, wo es auf der Landkarte hin soll: Ist das ein Beispiel für das zweite Newtonsche Gesetz? Oder eine Anwendung der Energie- und Erhaltungssätze? Orte das neue Wissen, damit du im Physikstudium sicher navigieren kannst.

Außerdem solltest du es mit deinem Vorwissen verbinden, um die Zusammenhänge schneller zu verstehen.

9.3   Verbinde das neue Wissen ständig mit deinem Vorwissen

Du bist kein unbeschriebenes Blatt: Die Schule hat sicherlich mehrere blaue Flecken hinterlassen und sie rot signiert. Aber das bedeutet auch, dass du bereits bestimmtes Vorwissen besitzt. Nutze nun die Macht deines Vorwissens, indem du das neue Wissen darauf baust, denn es kann das Erlernen neuer Konzepte beschleunigen [35].

Zum Glück verbindet man das bereits Gelernte oft mit neuen Konzepten im Physikstudium. Beispielsweise begleitet einen der harmonische Oszillator treu bis ans Studienende: Angefangen mit dem idealen Federpendel, betrachtet man später das physikalische Pendel, gekoppelte Schwingungen, die Bewegung in der Nähe eines Potentialminimums, die Fourier-Analyse, die Gitterschwingungen in Festkörpern, den quantenmechanischen harmonischen Oszillator, Polymerketten, Quantenfelder – und die Liste geht noch weiter.

Die Betonung liegt auf dem Wort *ständig*, denn ab und zu reicht nicht: Du musst das neue Wissen immer wieder mit deinem Vorwissen in Verbindung setzen, damit es im Gedächtnis fest verankert ist.

Trotz aller Bemühungen kann und wird es sicherlich passieren, dass etwas nicht tiefgreifender erläutert wird und du deswegen manche Schritte einfach hinnehmen musst. Was machst du dann? Vertraue einfach darauf, dass sich die Punkte auf der Landkarte im Nachhinein verbinden lassen – aber bleibe neugierig und hartnäckig.

LoL: Liste offener Leistungen

- Erstelle eine Landkarte der Physik.
- Verbinde die Punkte auf der Landkarte.
- Verbinde das neue Wissen ständig mit deinem Vorwissen.

Wie du dich effektiv auf Prüfungen vorbereitest

10

Einer der Gründe, warum die Prüfungen in den ersten Semestern besonders schwierig zu sein scheinen, liegt in der Tatsache, dass man am Anfang gar nicht weiß, wie man sich auf die Prüfungen in der Universität vorbereitet. Erst später erinnert man sich an die ersten Klausuren und sagt zu sich selbst mit einem Hauch angenehmer Reue: Hätte ich das früher gewusst!

Nun, dieses Kapitel gibt dir diese Erfahrung.

© Springer Fachmedien Wiesbaden GmbH, ein Teil von Springer Nature 2018
D. Tschodu, *Wie man effektiv und nachhaltig Physik studiert*,
essentials, https://doi.org/10.1007/978-3-658-23010-4_10

10.1   Schriftliche Prüfungen: PEAK – Premortem, Elimination, Automation, Klausur

10.1.1 Premortem

Eine Woche nachdem du deine erste Klausur geschrieben hast, bekommst du eine E-Mail von deinem Professor mit der Forderung, dringend in sein Büro zu kommen. Dort erfährst du, dass du deine Klausur so richtig verhauen hast: Die schlechteste Klausur, die er seit Jahrzehnten gesehen hat! Sein Blick durchdringt dich und er sagt frostig: Erzählen Sie mir bitte, wie es dazu gekommen ist.

Dieses erschreckende Szenario stellt eine nützliche Form der Klausurvorbereitung vor. Der Psychologe und Wirtschafts-Nobelpreisträger Daniel Kahneman bezeichnet das Vorstellen und Analysieren solcher Szenarien als *Premortem* und empfiehlt, es besonders vor wichtigen Entscheidungen zu praktizieren [19].

Aus dem Lateinischen übersetzt, bedeutet *pre-mortem* vor dem Tod: Während einer Premortem-Analyse stellst du dir also alles vor, was sowohl während der Prüfungsvorbereitung als auch während der Prüfung schief laufen kann: Deine Mitbewohnerin studiert Musik und hat die halbe Nacht auf deinen Nerven herumgegeigt. Du hast alles verstanden, aber deine Aufregung hat den Zugang zur kognitiven Maschinerie versperrt. Oder es waren zu viele Aufgaben in einer zu kurzen Zeitspanne, sodass deine Hand mitten in der Klausur vom Schnellschreiben verkrampfte.

Es gibt viele Beispiele, was man falsch machen kann. Während meines Studiums habe ich meine Kommilitonen nach ihren häufigsten Fehlern während der Klausurvorbereitung gefragt. Hier sind die Resultate:

1. Zu spät mit der Vorbereitung angefangen.
2. Aufgaben gleichen Typs gelöst. Dazu gehört: Nur leichte Aufgaben berechnet, sodass sie von der Schwierigkeit der Klausur überwältigt wurden.
3. Sich auf den Formelzettel verlassen, wenn er in der Klausur erlaubt war.
4. Aufschieben: Wenig während des Semesters gearbeitet, sodass man in der Klausurvorbereitung bis zur Erschöpfung gelernt hat.
5. Zu viel Zeit mit dem Zusammenfassen verbracht.
6. Sich auf ein Thema konzentriert und den Rest ignoriert. Dazu gehört: Sich nur auf die Aufgaben konzentriert und die Theorie ausgelassen.
7. Ungewöhnlich aber möglich: Zu viel gemacht, sodass man den Überblick verloren hat.

Stelle dir also möglichst viele Worst-Case-Szenarien vor und übertrage sie in eine Checkliste. Dann geht es zum nächsten Schritt: der Elimination.

10.1.2 Elimination

Elimination bedeutet in diesem Zusammenhang, dass du prüfungsrelevante Aufgaben detektierst und den Rest aussortierst. Dabei hat das nichts mit der Faulheit zu tun, sondern es ist eine nüchterne Betrachtung eines Optimierungsproblems unter der Nebenbedingung der Zeitknappheit. Was wir optimieren wollen, ist die effektive Vorbereitung auf die Klausur. Und hier folgt nun das Vorgehen:

Der allererste praktische Schritt besteht in der Beschaffung von Altklausuren und den entsprechenden Lösungen: Der Fachschaftsrat, das Internet und die Studenten aus früheren Jahrgängen, die ihre Klausur bei deinem Professor schon geschrieben haben, sind die ersten Anlaufpunkte. Was die Lösungen angeht, so solltest du sie als allererstes googeln. Häufig findet man jedoch nicht alle Lösungen im Internet. Als Nächstes solltest du einen genaueren Blick in die Lehrbücher werfen: So hat zum Beispiel der Halliday nicht nur Aufgaben am Ende jedes Kapitels, sondern es gibt sogar einen zusätzlichen Lösungsband (siehe Kapitel *Nützliche Ressourcen* für mehr Informationen).

Es besteht jedoch die Möglichkeit, dass weder das Internet noch die Lehrbücher alle Lösungen liefern. In diesem Fall solltest du die Aufgaben an sehr schlaue Kommilitonen weiterleiten: *Hey [Name], es scheint, dass diese Aufgabe sehr wichtig für unsere Klausur ist, weil [Grund]. Ich komme aber nicht weiter. Ich glaube, du kannst sie lösen. Könntest du mir dann deine Lösung schicken?* Dabei ist es wichtig, dass du die folgenden zwei Dinge erwähnst: Erstens den Grund, warum die Aufgabe wichtig ist, denn das spricht das Eigeninteresse des Rezipienten an. Zweitens die Erwartung, dass der Rezipient etwas kann, was du nicht kannst – die Aufgabe lösen. Studien haben nämlich gezeigt, dass Erwartungen effektiv genutzt werden können, um Menschen zu Handlungen zu bewegen – sowohl positiv als auch negativ [5, 25].

Was ist aber, wenn du keine Altklausuren findest? Im Kap. 4 Abschn. 4.2 haben wir die Kunst der Recherche gemeistert: Setze nun diese Fähigkeit ein, um prüfungsrelevante Aufgaben zu finden. Es gilt auch dann, wenn du Altklausuren gefunden hast – denn zusätzliche prüfungsrelevante Aufgaben schaden nicht.

Im letzten Schritt eliminierst du unwichtige Aufgaben. Angenommen, du bereitest dich auf eine Klausur in der Experimentalphysik vor. Normalerweise hat man zwölf Übungsaufgabenserien mit vier bis acht Aufgaben pro Serie, also insgesamt mindestens 48 Aufgaben. Aber nur circa ein Viertel dieser Aufgaben ist prüfungsrelevant, denn – abhängig von deiner Universität – wird sie zwei bis vier Stunden dauern. Es ist interessant, mit dem Gedanken zu flirten, dass man nur zwölf Aufgaben berechnen können muss, um die Klausur erfolgreich zu bestehen. Aber die Frage stellt sich: Welche sind das?

Als allererstes sortierst du sehr leichte Aufgaben aus, denn sie sind viel zu trivial für eine Klausur. Dann sortierst du sehr schwere Aufgaben aus, denn – wer hätte das gedacht – sie sind zu kompliziert und rechnerisch zu aufwendig, um sie in der Klausur zu berechnen. Den Rest beurteilst du mithilfe der folgenden Fragen: Illustriert diese Aufgabe ein physikalisch sinnvolles Konzept? Ist das eine Standardaufgabe, die jeder Physiker einmal gerechnet haben muss? Welche Vorlieben hat die Person, die die Klausur gestalten wird: Vielleicht hat sie eine Schwäche für Oszillatoren, weil sie so schön vibrieren? Oder vielleicht kannst du eine Tendenz anhand der Altklausuren erkennen?

Nach der Elimination kommt die eigentliche Arbeit: die Automation.

10.1.3 Automation

Die Klausur kann aus zwei Gründen schwer sein: Einerseits wegen der Schwierigkeit der Aufgaben. Andererseits, weil du nicht genug Zeit hast, um sie zu lösen, obwohl du eigentlich alle Klausuraufgaben lösen könntest. Um das Letztere zu vermeiden, solltest du den Prozess des Aufgabenlösens automatisieren.

Bevor ich allerdings ihn genauer beschreibe, möchte ich dich warnen: **Du solltest dich nicht in Arbeitsgruppen auf Klausuren vorbereiten.** Gemeinsam Übungsaufgaben lösen ist okay. Die Klausur wirst du jedoch alleine schreiben. Dementsprechend solltest du dich alleine auf die Prüfung vorbereiten. Dies vorausgeschickt, kommen wir nun zum eigentlichen Prozess der Automation.

Das Ausgangsmaterial für unsere Vorbereitung sind die Übungsaufgaben, die Altklausuren, die prüfungsrelevanten Aufgaben und die entsprechenden Lösungen, die wir mithilfe gezielter Recherche gefunden haben. **Der erste Schritt besteht einfach im Lösen dieser Aufgaben:** Wenn du allerdings zu lange an einer Aufgabe sitzt, dann zögere nicht, in die Musterlösung zu schauen. Im besten Falle solltest du dabei die mentalen Modelle und mathematischen Instrumente, die im Kap. 7 beschrieben wurden, bereits parat haben. Falls es dir jedoch während des Semesters zu aufwendig war, sie für jede Aufgabe schriftlich fest zu machen, dann solltest du das jetzt tun: Lass dir genug Platz am Rand, um wichtige Formeln und die benötigten mathematischen Werkzeuge zu notieren.

Wenn du alle Aufgaben gelöst hast, schreibst du alle Formeln und Werkzeuge auf einem separaten Blatt auf: Du erstellst also deine eigene Formelsammlung. Dabei ist es wichtig, dass du sie selbst erstellst und keine fertige Formelsammlung benutzt – auch wenn sie von einem deiner Kommilitonen stammt. Denn das eigentliche Blatt ist vollkommen irrelevant: Es geht allein um den Prozess der kognitiven Reduktion und Abstraktion einer Aufgabe auf eine Formel, ein Prinzip oder ein Gesetz.

Beim zweiten Schritt wird der erste wiederholt, wobei alle Aufgaben aussortiert werden, die du selbstständig, schnell und ohne in die Musterlösungen zu blicken, lösen kannst. Im nächsten Durchgang berechnest du die restlichen problematischen Aufgaben und sortierst wiederum solche aus, die du erfolgreich berechnen kannst. Und so weiter, bis du alle Aufgaben selbstständig und schnell bewältigen kannst: Es darf keine einzige Aufgabe bleiben, die du nicht knacken kannst.

Der dritte Schritt erfordert die Konzentration eines Jedi-Meisters: Du betrachtest die Aufgabenstellung jeder Aufgabe und gehst die Lösung mental durch. Denn es reicht nicht, dass du die Aufgaben verstanden hast und lösen kannst: In der Klausur musst du sie und verwandte Probleme schnell lösen. Deswegen darfst du deine Zeit nicht damit verschwenden, nach Lösungsideen oder passenden Formeln im Kopf zu suchen. Vielmehr solltest du in deiner mentalen Formelwelt sicher navigieren können und wissen, wie du am schnellsten vom Problempunkt A zur Lösungsstruktur B kommst. Und genau dieses Navigieren stabilisierst du, wenn du die Lösungen mehrmals im Kopf durchgehst. Die mentalen Modelle könnten dann die Zwischenstationen auf deiner mentalen Landkarte sein: Um zum Beispiel zur Lösung des Problems des ballistischen Pendels zu kommen, musst du über die Energie- und Impulserhaltung gehen.

Im letzten Schritt simulierst du die Klausur: Nimm eine Stoppuhr (tippe auf das Stoppuhr-Zeichen auf deinem Smartphone), stelle die Dauer deiner Klausur ein und löse eine Altklausur. Dabei solltest du dich mildem Stress aussetzen [29]: Stelle solche Bedingungen her, unter denen du dich nur schlecht konzentrieren kannst. Zum Beispiel könntest du Kopfhörer aufsetzen und die Musik anmachen, die du nicht ausstehen kannst.

Idealerweise sollte das zwei Tage vor der Klausur stattfinden, damit du einen Tag mit Entspannung und hypnotisiertem Anstarren deiner Lösungen verbringen kannst.

10.1.4 Klausur

Zu große Aufregung kurz vor der Klausur kann zu einer gedanklichen Blockade führen [38]: Wenn sie nicht loslässt, dann nützt auch der ganze Fleiß während des Semesters und der Vorbereitung nichts. Andererseits kann sie auch etwas Gutes sein: Das Blut fängt an, schneller gepumpt zu werden und das Gehirn wird besser durchblutet – du bist bereit, an die Spitze deiner kognitiven Leistung zu gehen.

Damit die Aufregung nicht zu einer Blockade führt, solltest du etwas tun, was deine emotionalen und gedanklichen Zerstreuungen wie eine Sammellinse auffängt und auf einen Punkt im Hier und Jetzt fokussiert: Höre dir zum Beispiel einen deiner Lieblingssongs an, spiele auf deinem Smartphone oder versuche dich im Penspinning – rotiere einen Stift um deinen Daumen. **Finde also eine Tätigkeit, die deine Konzentration angenehm oder spielerisch erfordert.** Weiterhin ist es eine gute Idee, fünf oder zehn Minuten vor Klausurbeginn seine Gefühle und Gedanken zu Papier zu bringen [9].

Nun folgt die eigentliche Prozedur des Aufgabenlösens. Sollte man mit einfacheren oder schwierigeren Aufgaben anfangen? **Aus den folgenden drei Gründen solltest du die einfacheren Aufgaben angehen:**

Erstens besteht das Risiko, dass du dich zu lange mit einer schweren Aufgabe beschäftigst – unabhängig davon, ob du sie erfolgreich lösen wirst oder nicht. Zweitens kann es sein, dass du sie doch nicht berechnen kannst, denn deswegen ist sie ja schwierig. Wenn das passiert, wirst du in Panik geraten, dich hetzen und deshalb Aufmerksamkeitsfehler machen. Letztens sind einfachere Aufgaben einfacher zu lösen – wer hätte das gedacht! Dies verschafft dir ein Erfolgserlebnis. Damit packst du den Rest selbstsicherer an. Was ist aber, wenn du völlig ratlos vor dem Klausurblatt sitzt?

Dann solltest du dich melden und eine Frage stellen: Egal, ob du tatsächlich eine Frage hast oder nicht. Denn es geht vielmehr um den Prozess des Fragens: Entweder könnte die aufpassende Person dir einen Tipp geben oder du könntest selbst durch diesen Prozess in die richtige Denkrichtung angeregt werden.

LoL: Liste offener Leistungen
- Stelle dir möglichst viele Worst-Case-Szenarien vor und übertrage sie in eine Checkliste.
- Beschaffe Altklausuren, andere prüfungsrelevante Aufgaben und die entsprechenden Lösungen.
- Eliminiere unwichtige Aufgaben.
- Automatisiere den Prozess des Aufgabenlösens.
  - Löse alle Aufgaben wie gewohnt.
  - Berechne und sortiere wiederholend die Aufgaben, die du bereits sicher beherrschst.
  - Gehe alle Lösungen im Kopf durch.

Kurz vor und während der Klausur:

- Tue etwas, was deine Konzentration angenehm oder spielerisch fordert.
- Löse die einfacheren Aufgaben zuerst.
- Melde dich bei völliger Ratlosigkeit.

10.2 Mündliche Prüfungen

Die mündliche Prüfung stellt eine ganz andere Prüfungssituation als die Klausur dar, denn sie dauert normalerweise 15 bis 45 min. Deswegen werden hier keine schwierigen Rechenaufgaben oder gar langwierige Herleitungen gefragt, sondern vielmehr Verstehensfragen und kurze Berechnungen.

Dementsprechend sieht auch dein Ausgangsgangmaterial für die Vorbereitung anders aus: Du brauchst nur die Übungsaufgaben samt der Lösungen und eine im Sinne des Unterkapitels 6.1 sehr gute Mitschrift der Vorlesung.

10.2.1 Übungsaufgaben

Hier solltest du wissen, wie man schwierige Aufgaben berechnen könnte. Einfache Aufgaben solltest du allerdings locker lösen können. Dabei geht es bei den schwierigen Aufgaben allein darum, welche Ideen oder Schritte notwendig wären, um sie zu lösen und nicht um das explizite Vorrechnen.

Zum Beispiel könnte eine Frage folgendermaßen lauten: Können Sie X herleiten? Wobei X für ein beliebiges Gesetz steht. Dann skizzierst du die Ideen einer Herleitung: Unter welchen Randbedingungen betrachtet man das Problem? Mit welchen Größen beginnt man? Was benutzt man in der Herleitung?

10.2.2 Vorbereitung

Das gesamte Ausgangsmaterial für die Vorbereitung besteht aus folgenden Dingen:

1. Einer sehr guten Mitschrift.
2. Einer Liste mit Fragen: Idealerweise solltest du bereits eine Liste mit während des gesamten Semesters gesammelten Fragen haben, wie ich sie im Unterkapitel

6.1 Abschn. *Verschlüsselung ist sicher* beschreibe. Falls du sie jedoch noch nicht erstellt hast, dann solltest du deine Mitschrift gründlich bearbeiten und dabei mögliche Prüfungsfragen aufschreiben.

3. Den notierten Lösungsideen zu den schwierigen Aufgaben und Lösungen der einfachen Rechenbisse.

4. Einem „Persönlichkeitsprofil" des Prüfers: Auf welchem Gebiet ist er spezialisiert? Hat er Vorlieben für bestimmte physikalische Konzepte? Ist er ein „konservativer" Physiker, der exakte Definitionen und Begründungen hören möchte oder eher ein Typ, der Wert auf so etwas wie die physikalische Intuition legt?

Als Erstes bearbeitest du dieses Ausgangsmaterial sehr gründlich: Begreife alles, was in deiner Mitschrift steht, vollständig. Beantworte jede Frage in der Liste. Beherrsche alle einfachen Aufgaben und merke dir den groben Lösungsweg der schwierigen Aufgaben. Das Persönlichkeitsprofil könnte dir Hinweise dafür geben, was besonders wichtig sein könnte.

Als Zweites reduzierst du es auf die wichtigsten Ideen, Formeln, Sätze, etc.

Als Drittes erstellst du eine im Sinne des Kap. 9 lokale Landkarte, die das reduzierte Material nicht nur zusammenfasst, sondern auch überschaubar darstellt. Die Landschaft dieser Karte ist individuell anpassbar – sie muss jedoch einen Zweck erfüllen: Du solltest damit Zusammenhänge erkennen und dich schnell an sie erinnern können. Stelle dir das so vor: Du fliegst einen Hubschrauber und überblickst das Gelernte von oben. Wenn du in der Prüfung nach einem Zusammenhang gefragt wirst, dann solltest du ganz genau wissen, welchen Kurs du mental einschlagen musst, um ihn auf der Landkarte schnell zu orten und dorthin zu fliegen. Die Abb. 10.1 zeigt das Beispiel eines Teils einer meiner Landkarten.

Als Nächstes nimmst du – wie in der Vorbereitung auf die schriftliche Prüfung – eine Stoppuhr und ein paar Fragen aus deiner Liste und simulierst einige Testflüge. Wobei du auch hier laut zu dir selbst sprechen solltest, um verbal zu zeigen, was du kannst – und du kannst nur das, was du ständig wiederholst.

Als Letztes solltest du – wenn du die Möglichkeit dazu hast – den Prüfungstermin so wählen, dass du als einer der ersten geprüft wirst. Warum ist dieser praktische Aspekt wichtig? Weil die Prüfer wahrscheinlich noch nicht müde sind – so einfach ist das. Denn Müdigkeit und andere Faktoren wie zum Beispiel Hunger haben einen großen Einfluss auf den Beurteilungsprozess [19].

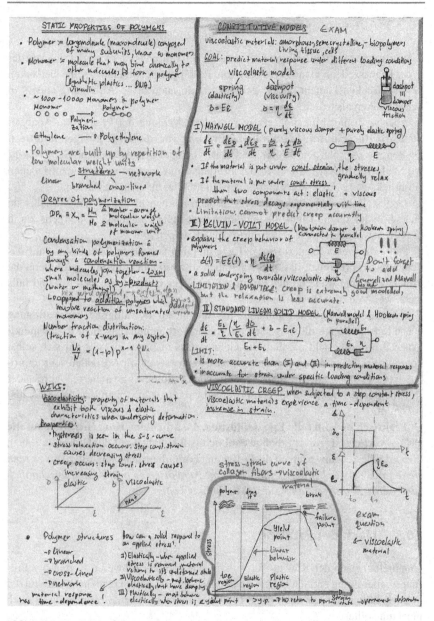

Abb. 10.1 Ein Teil meiner Landkarte zur Vorlesung *Physik der weichen Materie*

10.2.3 Aufregung überwinden

Die Aufregung vor und während der mündlichen Prüfung unterscheidet sich von der in der Klausur, denn man wird direkt vom Prüfer gefragt und muss seine Gedanken klar ausdrücken können. Deswegen solltest du auch deine Aufregung anders in Schach halten als in der Klausur.

Aber auch hier hilft eine etwas veränderte Variante der Premortem-Analyse: **Stelle dir die schlimmste mündliche Prüfung vor, die du je ablegen könntest.** Du kommst zu spät. Die Prüfer sind genervt. Jeder ausgesprochene Satz von dir wird sofort kritisiert. Am Ende der Prüfung kann man es an der unzufriedenen Ausdrucksweise des Prüfers unmissverständlich lesen: nicht bestanden.

Jetzt stelle dir vor, was du dagegen unternehmen könntest. Wie verhältst du dich? Behältst du die Kontrolle und antwortest ruhig und genau? Oder gehst du in die Offensive, aber zeigst gleichzeitig deine Kompetenz?

Stelle dir dieses Szenario so real wie möglich vor. Denn dann bist du auf das Schlimmste vorbereitet, das wahrscheinlich sowieso nicht eintreten wird, denn die Professoren sind während der Prüfungen meistens nett und hilfsbereit – und falls nicht, weißt du, was du zu tun hast.

Ein anderes mögliches mentales Instrument zur Bewältigung der Aufregung nenne ich die Ego-Auflösung. Sowohl in der Vorbereitung als auch in der mündlichen Prüfung besteht nämlich die Gefahr, dass man viel zu sehr auf sich selbst konzentriert ist: In der Vorbereitungsphase kann es sich im Ausmalen sehr unproduktiver Horrorszenarien und in der lähmenden Prüfungsangst äußern. Während der Prüfung kann es sogar verbal paralysierend wirken, sodass man kein Wort herausbekommt.

Praktisch bedeutet die Ego-Auflösung, dass du deine Konzentration auf die Prüfer verlagerst. Anstatt dich gedanklich voll belichtet auf der Bühne zu sehen, drehst du die Scheinwerfer auf die Prüfer um: Formuliere beispielsweise *Was werden sie von mir denken?* in *Wie kann ich meine Antworten so präzise und anschaulich zum Ausdruck bringen, dass sie sich nicht langweilen?* um.

10.3 Nach der Prüfung

Unmittelbar nach der Klausur fühlt man sich von den schweren Ketten der Prüfungsvorbereitung endlich befreit. In diesem Moment will man nichts mehr von der Prüfung hören und nur noch seine Freiheit genießen. Hier ist, warum du es noch nicht tun solltest.

Die Zeit unmittelbar nach der Prüfung ist die beste Zeit, um darüber zu reflektieren und seine Fehler schriftlich festzuhalten, damit du nicht die gleichen Fehler bei den nächsten Prüfungen begehst. Nimm ein Schreibgerät und eine Schreibvorlage und analysiere, was du gelernt hast. Die folgenden Fragen können dir dabei helfen:

- Welche Fragen, Aufgaben und Themen habe ich erwartet und was kam tatsächlich dran?
- Wovon war ich überrascht? Warum?
- Was habe ich als besonders schwierig empfunden? Warum?
- Welche Fehler habe ich gemacht? Warum?
- Was lerne ich aus dieser Prüfung?

Das Lernen endet nicht mit der Notenvergabe: Sie ist nur eine Zwischenstation auf dem Weg zur Kompetenz, auf der man über seine Fehler und Erfahrungen reflektieren und sie in den Fahrplan eintragen sollte. Der Zug ist aber nicht abgefahren, wenn du deine Prüfung so richtig vergeigt hast, denn oft lernt man am besten, wenn man etwas falsch gemacht hat: Raffe dich auf, verstehe deine Fehler und mache es besser.

Für die Prüfung und für dich selbst zu lernen ist nicht besonders sinnvoll – das Letztere klingt schwammig und außerdem lernt man nie für sich selbst: Angefangen damit, dass man geprüft wird, bis zur Tatsache, dass man mit Anderen kommuniziert. Vielmehr ist es sinnvoller, an seiner Kompetenz zu arbeiten: Dies ist aber unmöglich, wenn man nur für gute Noten lernt. Und das bringt uns zum letzten Kapitel.

LoL: Liste offener Leistungen
- Bearbeite dein Ausgangsmaterial gründlich.
- Reduziere es auf die wichtigsten Ideen, Formeln, Sätze, etc.
- Erstelle eine überschaubare Landkarte.
- Simuliere die mündliche Prüfung.
- Wähle den Zeitpunkt der Prüfung weise.
- Wende auch hier die Premortem-Analyse an.
- Löse dein Ego auf.
- Reflektiere schriftlich so bald wie möglich nach der Prüfung.

Nachhaltige Kompetenz statt kurzfristige Konkurrenz

11

Wie wird man nachhaltig kompetent? Was bedeutet das überhaupt?

Im Verlauf des Buches habe ich die Idee des Handwerklichen verstreut: Egal, ob du physikalische Probleme lösen, Prüfungsangst bewältigen oder sogar die Musterlösungen abschreiben willst: Tue es so, dass du häufige Fehler erkennst und jeden Schritt meisterst, um am Ende ein hochqualitatives Werkstück zu vollbringen – deine Kompetenz.

Dazu gehört auch, dass du im Physikstudium dich nicht an der Gier nach guten Noten oder am Vergleichen mit deinen Kommilitonen orientierst, sondern mithilfe dieses Kompetenz-Gedanken navigierst, denn dies kann dir auch in den schweren Phasen des Studiums helfen – das Streben, gute Noten wie Reliquien zu sammeln, jedoch nicht: Einmal eine schlechte Note bekommen und du bist psychisch am Ende. Anders, wenn du nachhaltig lernst.

Dann weißt du nämlich, dass du aus jedem Misserfolg lernen könntest und solltest, denn dadurch wirst du besser, kompetenter. Du weißt, dass du an etwas arbeiten solltest, was dir noch fehlt oder was überwunden werden muss: Wie die Angst vor mündlichen Prüfungen zum Beispiel, die besonders dann frustrierend ist, wenn du eigentlich ganz genau weißt, wovon du redest. Für diesen Fall, sowie für das ganze Studium allgemein, möchte ich einen letzten Tipp geben:

Stelle dich dem Problem – Schritt für Schritt, kontinuierlich. In der Psychologie wird es als Konfrontationstherapie bezeichnet [16]. Lampenfieber? Halte eine Präsentation zuerst vor einem Hund, dann vor ein paar Freunden und danach vor einigen Fremden. Angst, die Bachelorarbeit in der theoretischen Physik ist zu hoch für dich? Dann schreibe zuerst eine kleine Hausarbeit darin und schaue, wie es weiter geht: Aber lass dich nicht gleich am Anfang deines Vorhabens einschüchtern.

© Springer Fachmedien Wiesbaden GmbH, ein Teil von Springer Nature 2018
D. Tschodu, *Wie man effektiv und nachhaltig Physik studiert,*
essentials, https://doi.org/10.1007/978-3-658-23010-4_11

Denn es kann nämlich sein, dass in einem anderen Universum eine Kopie von dir gerade eine Kette von sehr unglücklichen Entscheidungen verwirklicht hat und – sich nie ihren Problemen gestellt, nie aus ihren Fehlern gelernt und deshalb nie erfahren hat, wie aufregend das Physikstudium sein kann.

Nützliche Ressourcen 12

In diesem Kapitel findest du sehr nützliche Bücher, Online-Vorlesungen und Kurse. Diese Empfehlungen sind höchst subjektiv aber geprüft durch die vielen Stunden eigenen Lesens und Leidens.

Mathematik (Analysis, lineare Algebra, etc.)

- www.onlinetutorium.com
  Der Analysis-I-Teil ist besonders empfehlenswert. Könnte ich in die Vergangenheit reisen und von vorne Physik studieren, so würde ich von Anfang an mit diesem Tutorium beginnen. Schaue dir alle Videos in dem Analysis-I Teil im ersten Semester an: Sie geben dir eine solide Grundlage für die erste Mathematikklausur. Außerdem hat mir das Kap. 2 *Vollständige Induktion* sehr geholfen.
- *Mathematik* von T. Arens, F. Hettlich, Ch. Karpfinger et al.
  Hier ist der Teil III *Lineare Algebra* besonders zu empfehlen. Irgendwann braucht man für die Vorlesung in der statistischen Physik das Volumen und die Oberfläche einer n-dimensionalen Kugel zu berechnen – dies findest du auf Seite 1179 *Volumen und Oberfläche einer n-dimensionalen Kugel*.
- *Mathematik für Ingenieure und Naturwissenschaftler* von L. Papula
  Diese Bände sind für alle, die das mathematische Handwerk erlernen und meistern wollen. Denn die Theorie ist anschaulich erklärt und wird an einer Unmenge an praktischen Beispielen und Aufgaben präsentiert. Vor allem das Kapitel *Gewöhnliche Differentialgleichungen* in Band 2 ist zu empfehlen.
- *Analysis* von Otto Forster
  Perfekt für die Übungsaufgaben, denn es gibt separate Übungsbücher mit Lösungen: Lerne und übe.

© Springer Fachmedien Wiesbaden GmbH, ein Teil von Springer Nature 2018
D. Tschodu, *Wie man effektiv und nachhaltig Physik studiert*,
essentials, https://doi.org/10.1007/978-3-658-23010-4_12

- *Das gelbe Rechenbuch* von **Peter Furlan**
  Auch die gelben Rechenbücher sind für die Übungsaufgaben besonders geeignet, denn die drei Bände rechnen dir alles in Einzelschritten vor. Außerdem sind dort viele Beispiele ausführlich berechnet, die Professoren gerne als Übungsaufgaben stellen. Das Abschn. 2.7 *Folgen* in Band 1 solltest du dir anschauen, wenn du dich mit Folgen beschäftigen wirst.
- *Calculus* von **S. L. Salas und Ainer Hille**
  Vor allem das Kap. 16 *Gradienten. Extremwerte. Differentiale* und das Kap. 18 *Kurven und Oberflächenintegrale* stechen hier didaktisch heraus. Das Unterkapitel 16.10 *Die Rekonstruktion einer Funktion aus ihrem Gradienten* hat mir im zweiten Semester sehr geholfen.
- *Gewöhnliche Differentialgleichungen* von **Harro Heuser**
  Wenn du gewöhnliche Differentialgleichungen nicht nur lösen möchtest, sondern wirklich verstehen willst, dann ist es das richtige Buch dazu. Am Ende jedes Kapitels findest du den wunderbaren und hochinteressanten Teil *Anwendungen*, der viele klassische physikalische Modelle wie beispielsweise die Brachistochrone oder die Keplersche Gleichung der Planetenbahn beschreibt. Aber allein wegen Heusers unterhaltsamen *Historische[n] Anmerkungen* sollte man es lesen.
- *Analysis 2* von **Stefan Hildebrandt**
  Hildebrandt ist für ein Thema besonders hilfreich: Mannigfaltigkeiten. Schnapp dir das Buch und schlage das Kap. 4 *Gleichungsdefinierte Mannigfaltigkeiten* auf, wenn es dran ist.

Landkarten der Physik

- *The Character of Physical Law* von **Richard P. Feynman**
- *Schlüsselkonzepte zur Physik: Von den Newton-Axiomen bis zur Hawking-Strahlung* von **Klaus Lichtenegger**
- *The Theoretical Minimum: What You Need to Know to Start Doing Physics* von **Leonard Susskind**

Experimentalphysik
Allgemeine Lehrbücher

- **Halliday Physik**
  Das Buch eignet sich hervorragend zum Lösen der Aufgaben. Die Theorie ist anschaulich erklärt, sodass man die physikalische Denkweise zu entwickeln beginnt.

- *Physik: Lehr- und Übungsbuch* von Douglas C. Giancoli
  Giancoli ist der Zwillingsbruder von Halliday: Das beutetet, dass alles, was über Halliday gesagt werden kann, auch auf Giancoli zutrifft. Entscheide dich also von Anfang an für eines der beiden Bücher und arbeite es konsequent im Laufe des Semesters durch.
- **Lehrbücher der Experimentalphysik von L. Bergmann und C. Schäfer**
  Ich habe einen großen Respekt vor Bergmann und Schäfer: Die Bücher sind Old School. Sie sind ausführlich, solide und inspirierend zugleich.
- *Schaum's Theory and Problems of Modern Physics*
  Klausurvorbereitung? Dann schnappe dir das Buch!
- **Standardlehrbücher von Wolfgang Demtröder**
  Eigentlich sind es exzellente Lehrbücher. Aber sie sind erst dann exzellent, wenn man bereits etwas fortgeschritten ist.

Festkörperphysik

- *Festkörperphysik* von R. Gross und Achim Marx
- *Festkörperphysik* von N. W. Ashcroft und N. D. Mermin
- *Festkörperphysik* von C. Kittel
  Alle drei Werke sind solide Standardlehrbücher: Sie sind verständlich, anschaulich und umfassend. Du machst also nichts falsch, wenn du eins der Bücher liest. (Wobei ich Gross und Marx vorziehe, weil es interessanter zu lesen war.)

Theoretische Physik
Allgemeine Lehrbücher

- **Lehrbücher von Wolfgang Nolting**
  Nolting kann dir das Leben retten: Egal, ob du deine Vorlesung nacharbeitest oder an den Aufgaben verzweifelst – es ist das Buch schlechthin. Die Theorie wird extrem verständlich und ausführlich erklärt. Außerdem findest du am Ende jedes Kapitels didaktisch perfekt ausgewählte Aufgaben, die dein Verständnis prüfen und vertiefen.
- **Lehrbücher von Torsten Fließbach**
  Diese Lehrbücher sind verständlich und prägnant: Wenn du deine Zeit nicht mit Abschweifungen und Exkursen verbringen willst, dann ist es die beste Wahl.
- **Landau und Lifschitz**
  Landau und Lifschitz ist nichts für Anfänger. Aber die Darstellung der Physik ist so elegant und meisterhaft, dass ich es nicht unerwähnt lassen darf.

Quantenmechanik

- *Quantenmechanik* von **D. J. Griffith**
  Quantenmechanik ist so abstrus, dass die Kopenhagener Deutung in einem Satz
  zusammengefasst werden kann: *Shut up and calculate!* [24] Deswegen sollte
  man die mathematischen Werkzeuge der Quantenmechanik beherrschen. Griffith
  bringt dir genau das bei.

Statistische Physik

- *A Modern Course in Statistical Physics* von **L. E. Reichl**
  Da ich das Buch erst am Studienende entdeckt, es aber nicht vollständig gelesen
  habe, kann ich nur folgende zwei Kapitel beurteilen: *Equillibrium Statistical
  Mechanics II* und *Brownian Motion and Fluctuation and Dissipation*. Besonders
  der ideale Bose-Einstein Gas, der ideale Fermi-Dirac Gas und das Fluktuations-
  Dissipations-Theorem werden verständlich und ausführlich erklärt.

Teilchenphysik

- *Introduction to Elementary Particles* von **David Griffiths**
  Im Rahmen eines meiner höchst unwissenschaftlichen Experimente habe ich
  das Modul Teilchenphysik belegt, um die Anwendung des Paretoprinzips auf
  das Physikstudium zu testen. Ergebnis: Note 3.3. Deshalb sollte ich vielleicht
  keine Buchempfehlungen zur Teilchenphysik geben. Aber ich finde das Buch so
  gut, dass ich es nicht lassen kann.

Inspirierende und motivierende Bücher

Das berühmte und exzellente *The Feynman Lectures On Physics* habe ich oben nicht
erwähnt, weil ich es am Anfang schwer zu lesen fand. Trotzdem solltest du einen
Blick in dieses fantastische Werk werfen.

Es kommt im Studium vor, dass man sich in unzähligen Rechnungen, Herleitungen und seiner Spezialisierung verlieren kann und den Grund vergisst, warum man
eigentlich Physik studiert. Um sich auf die Wurzeln der physikalischen Denkweise
zu besinnen und in den schwierigeren Phasen des Studiums zu erheitern, kehre ich
zu den folgenden Büchern immer wieder zurück:

- *Surely You're Joking, Mr. Feynman* von **Richard P. Feynman**
- *The Last Man Who Knew Everything* von **Andrew Robinson**
- *Heisenberg Probably Slept Here* von **Richard P. Brennan**

Aber es gibt natürlich viel mehr inspirierende Bücher und alle Bücher von Richard
Feynman sind zu empfehlen. Mehr dazu auf meinem Blog: physiphi.com

Was Sie aus diesem *essential* mitnehmen können

- Man studiert miteinander, nicht gegeneinander
- Studieren, um nachhaltig kompetent zu sein, hilft in den schweren Phasen des Studiums
- Man muss darauf vertrauen, dass irgendwann alles Sinn ergeben wird

© Springer Fachmedien Wiesbaden GmbH, ein Teil von Springer Nature 2018
D. Tschodu, *Wie man effektiv und nachhaltig Physik studiert*,
essentials, https://doi.org/10.1007/978-3-658-23010-4

Literatur

[1] Bevelin, P.: Seeking Wisdom: From Darwin to Munger. PCA Publications LLC, Malmö (2007)

[2] Bloch, R.L.: My Warren Buffett Bible. A Short and Simple Guide to Rational Investing: 284 Quotes from the World's Most Successful Investor. Skyhorse Publishing, New York (2015)

[3] Brandt, S., Dahmen, H.D.: Mechanik: Vom Massenpunkt zum starren Körper. Springer, Wiesbaden (2016)

[4] Buzan, T.: Speed Reading. David & Charles, Exeter (1988)

[5] Cialdini, R.B.: Influence: The Psychology of Persuasion. Collins, New York (2007)

[6] Cirillo, F.: The Pomodoro Technique. Simon and Schuster, New York (2014)

[7] Cognition, T., Laboratory, A. N.: What are the effects of handwriting on cognitive development? http://indiana.edu/~canlab/handwriting.html

[8] Currey, M.: Daily Rituals: How Artists Work. Knopf, New York (2013)

[9] Doherty, J.H., Wenderoth, M.P.: Implementing an Expressive Writing Intervention for Test Anxiety in a Large College Course. J. Microbiol. Bio. Educ. **18**(2), (2017)

[10] Dunlosky, J., Rawson, K.A., Marsh, E.J., Nathan, M.J., Willingham, D.T.: What works, what doesn't. Sci. Am. Mind **24**(4), 46–53 (2013)

[11] Ericsson, K.A.: The road to excellence: The acquisition of expert performance in the arts and sciences, sports, and games. Psychology Press, New York (2014)

[12] Ferriss, T.: Tools of titans: The Tactics, Routines, and Habits of Billionaires, Icons, and World-Class Performers. Houghton Mifflin Harcourt, Boston (2016)

[13] Franklin, B. : Benjamin Franklins Leben. http://gutenberg.spiegel.de/buch/benjamin-franklins-leben-5789. Zugegriffen: 24. Apr. 2018

[14] Gleick, J.: Genius: The Life and Science of Richard Feynman. Vintage, Santa Monica (1992)

[15] Heublein, U., Richter, J., Schmelzer, R., Sommer, D.: Die Entwicklung der Schwund- und Studienabbruchquoten an den deutschen Hochschulen. In: HIS: Forum Hochschule Bd. 3. (2012)

[16] Hofmann, S.G.: Einführung in die moderne Kognitive Verhaltenstherapie: Psychotherapeutische Lösungsansätze. Springer, Wiesbaden (2013)

[17] Hofstadter, D.R.: Gödel, escher, bach. Vintage Books, New York (1980)

[18] Isaacson, W.: Benjamin Franklin: An American Life. Simon and Schuster, New York (2003)

© Springer Fachmedien Wiesbaden GmbH, ein Teil von Springer Nature 2018
D. Tschodu, *Wie man effektiv und nachhaltig Physik studiert*,
essentials, https://doi.org/10.1007/978-3-658-23010-4

[19] Kahneman, D.: Thinking. Fast and Slow. Macmillan, New York (2011)

[20] Kieffer, G., Kaiser, H.J., Hilke, A.: Einführung in die Psychologie. Gehlen, New York (1980)

[21] Kurnaz, M.A., Eksi, C.: An Analysis of High School Students' Mental Models of Solid Friction in Physics. Educ. Sci. Theory Pract. 15(3), 787–795 (2015)

[22] Langer, E.J., Blank, A., Chanowitz, B.: The mindlessness of ostensibly thoughtful action: The role of placebic information in interpersonal interaction. J. Pers. Soc. Psychol. 36(6), 635 (1978)

[23] Löbl, R.: Techne: Untersuchung zur Bedeutung dieses Wortes in der Zeit von Homer bis Aristoteles. Königshausen & Neumann, Würzburg (1997)

[24] Mermin, N.D.: Could Feynman have said this. Phys. Today 57(5), 10 (2004)

[25] Miller, R.L., Brickman, P., Bolen, D.: Attribution versus persuasion as a means for modifying behavior. J. Pers. Soc. Psychol. 31(3), 430 (1975)

[26] Mueller, P.A., Oppenheimer, D.M.: The pen is mightier than the keyboard: Advantages of longhand over laptop note taking. Psychol. Sci. 25(6), 1159–1168 (2014)

[27] Newport, C.: Deep Work: Rules for Focused Success in a Distracted World. Hachette UK, New York (2016)

[28] Ng, A.: Deep Learning Specialization. Coursera. https://www.coursera.org/learn/deep-neural-network/lecture/DHNcc/hyperparameters-tuning-in-practice-pandas-vs-caviar. Zugegriffen: 15. Apr. 2018

[29] Oakley, B.A.: A Mind for Numbers: How to Excel at Math and Science (even if you flunked algebra). TarcherPerigee, New York (2014)

[30] Pavlov, I.: Lectures on Conditioned Reflexes, Bd. 1 & 2. International Publishers, New York (1928)

[31] Schwartz, D.L., Martin, T.: Inventing to prepare for future learning: The hidden efficiency of encouraging original student production in statistics instruction. Cogn. Instr. 22(2), 129–184 (2004)

[32] Schwartz, D.L., Chase, C.C., Oppezzo, M.A., Chin, D.B.: Practicing versus inventing with contrasting cases: The effects of telling first on learning and transfer. J. Educ. Psychol. 103(4), 759 (2011)

[33] Stigler, S.M.: Regression towards the mean, historically considered. Stat. Methods Med. Res. 6(2), 103–114 (1997)

[34] Wammes, J.D., Meade, M.E., Fernandes, M.A.: The drawing effect: Evidence for reliable and robust memory benefits in free recall. Q. J. Exp. Psychol. 69(9), 1752–1776 (2016)

[35] Warren, S. L.: Make It Stick: The science of successful learning. In: *Education Review//Reseñas Educativas* 23 (2016)

[36] Wawrinowski, U.: Grundkurs Psychologie: eine Einführung für Berufe im Gesundheitswesen. Bardtenschlager, München (1985)

[37] Wittgenstein, L.: Tractatus Logico-Philosophicus. Routledge, London (2013)

[38] Zeidner, M.: Test Anxiety: The State of the Art. Springer Science & Business Media, New York (1998)

Printed in the United States
By Bookmasters